지중해 낙양 교토

鹿鳴軒 見賢旅行

글 사진 정영석

록명헌

부산역과 크루즈터미널 사이에 국제 교류센터 록명헌(鹿鳴軒)을 열었다. 부산의 미래를 열어갈 적지라 판단했기 때문이다.

개관 1주년 기념으로 발간한 '록명헌 견현여행' 책이 재판되는 반향을 일으켜 그 기념으로 지중해로 가 유럽 문명의 흐름을 둘러보았다. 중국 중원문화의 중심 낙양(洛陽), 개봉(開封)도 둘러보았다. 놀랍게도 일본의 천년 수도 교토의 별칭이 낙양(라꾸요洛陽)이고 아직도 교또에 가는것을 상락(죠우라꾸上洛)이라 하지 않는가. 내친김에 그간 궁금했던 일본과 중국에 남겨진 우리 흔적들도 살펴보았다. 그 결과를 책으로 역었다.

정 영 석

CONTENTS

교토

지중해

01 가우디와 바르셀로나

누가 어떻게 한 일이 누대에 번영을 주고 울림을 줄까.
이번 여행도 그런 현자들을 찾아가 보기로 했다.

천재 건축가 가우디가 피폐해진 정신문화 부흥을 위해 40년간 혼신을 다해 '사그라다 파밀리아 성당'을 건립한다. 유구한 문명도시 바르셀로나도 지금은 가우디 빼고는 설명이 안 된다. 그 뒤엔 함께 해준 부유한 후원자도 있었다. 생전에 완공할 수 없음을 알고 동쪽만 짓고, 설계도로 남길 수 없는 부분은 석고 모형을 남겨 서쪽을 짓도록 했다. 가우디가 지은 부분은 이미 세계문화유산이 되었고 지금도 그의 유업을 이어 지어 나가고 있다.

산업혁명에 동참하지 못해 침체의 길을 걷던 바르셀로나에 가우디가 생명을 불어넣어 해마다 7백5십만 관광객이 몰려드는 세계 문화 도시로 거듭났다.

그 건물 속에 있으면 1년 52주를 뜻하는 52그루의 거대한 나무 숲 속에 들어와 있는 느낌을 받는다. 예수의 고난을 의미하는 조각들로 밖을 감싸고 성당 안은 장엄하고 아름다운 축복의 공간으로 만들었다. 자연 채광과 스테인드글라스를 어울러 미술품보다 더 품위있는 색감을 연출했다. 둘러보는 내내 감탄 연발이다. 곡선은 신의 공간이고 직선은 인간의 공간이란다. 1926년 부랑인 모습이 되어 전차에 치여 사망한 가우디가 여기에 묻혀있다.

멀지않는 람브라스 거리 끝자락에 파리박람회 기념 콜럼버스 동상이 자랑스럽게 서 있고 전통시장과 3백 년 가게 맛집들이 연중 내내 관광객들을 맞이하며 시민의 살림을 넉넉하게 하고 있었다.

올림픽의 꽃 마라톤 경기에서 황영조 선수에게 금메달을 안긴 몬주익 언덕에 오르면 그의 모습 너머 바르셀로나 전경이 내려다보인다. 몬주익 언덕은 173m 높이로 바르셀로나에서 가장 높다. 세계에서 가장 높은 성당 짓기를 원했던 가우디는 파밀리아 성당 높이를 몬주익 언덕보다 조금 낮게 172.5m로 기획했다고 한다.

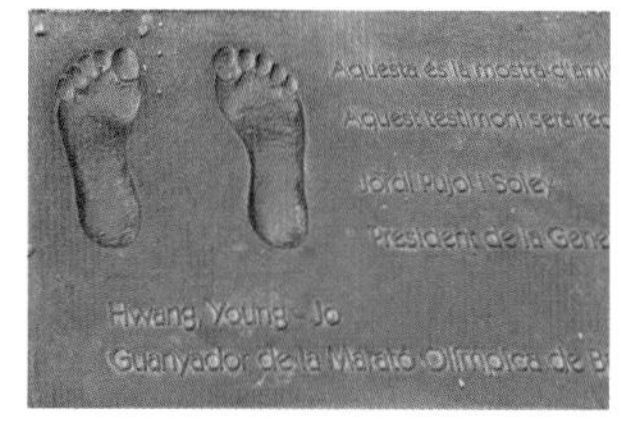

몬주익 언덕에 있는 황영조 선수
마라톤 우승 기념상

지중해 2023.4.27

사그라다 파밀리아 성당

산파우 병원에서 내려다본 모습. 1882년에 착공하여 가우디 이후 7명의 건축사 손을 거쳤으나 아직도 건축 중이다. 성경 자체를 건축으로 표현한 건물. 안정성을 위해 현수선으로 지었다.

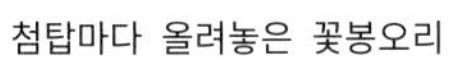

첨탑마다 올려놓은 꽃봉오리

꽃문양으로 장식된 출입문

사그라다
파밀리아 성당 외벽

성당 동쪽 탄생의 파사드는 예수의 일생 중 동방박사 선물 등 탄생 과정을 표현했고, 성당 서쪽 수난의 파사드는 유다의 배신을 표현했다. 거대한 건물에 새겨진 조각 군들이 모두 섬세하고 완벽하다.
성당 벽면에 '오늘 우리에게 필요한 양식을 주옵소서'라는 한글 주기도문도 새겨 놓았다.

1년을 의미하는 52개의 기둥을 세우고 스테인드글라스와 자연채광을 최대한 활용했다. 초고층 건물의 안정성을 위해 현수선 아치로 건축했다.

지하 예배공간

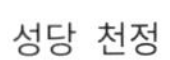

성당 천정

스테인드글라스 조명

성인 이름이 적힌 스테인드글라스에 김대건 신부(안드레이 김)를 가리키는 A.KIM도 새겨져 있다.

43
CASA
BATLLÓ
GAUDÍ
STORE
SIMBOLIC

까사바뜨요 집 내부 벽면.
문짝 표면까지도 모두 곡선이다.

용의 등뼈를 본뜬 안전하고 편안한 계단

용과 바다를 형상화한 까사바뜨요
바뜨요씨 집. 세계문화유산이다.

구엘 저택 산책로

구엘 공원의 타일모자이크 의자, 앉아 보면 참 편안함을 느낄 수 있다.

동굴모양의 자연 친화적 산책로로 돌기둥에 있는 구멍은 새들을 위한 집이다.

문어가 문양된 시장 건물 천장

까사 밀라 옥상

까사 밀라 옥상의 굴뚝 장식물. 옥상에 올라도 전혀 위험이 느껴지지 않는다. 이 곳에는 현재에도 사람들이 거주한다.

까사 밀라 내부

까사 밀라 외부

까사 밀라 베란다의 미역 모양 설치물로 몬세라트 산을 형상화해서 건축했으나 건축주의 불만으로 오랜 소송에 시달렸다.

1492년 이탈리아 출신 콜럼버스가 스페인 이사벨 여왕의 도움으로 신대륙을 발견한 것을 대단한 자랑으로 여긴다.

람브라스 거리 　인근에 있는 람브라스 거리의 3백년 된 가게들과 전통시장은 관광객들을 불러 모으기에 충분히 매력적이다. 끝자락에 사그라다 파밀리아 성당이 있다.

02 피카소의 유년과 만년

바르셀로나 중심가의 건물과 가로가 역사와 품격을 느끼게 한다. 신대륙을 발견한 콜럼버스 동상도 높이 세워져 있다. 오래된 식당 등에도 자랑스러운 세월의 흔적들이 곳곳에 남아 있다. 거리의 사람들도 배려할 줄 알고 멋있다. 좀 더 가까이 다가가기 위해 피카소 미술관 오갈 때 일부러 지하철을 이용했다. 소매치기가 워낙 소문나 항상 경계해야 했으나 오히려 따뜻함을 더 많이 느낀다.

바르셀로나 피카소 미술관은 그가 파리로 유학 가기 전 성장기 작품 4,200여 점이 소장되어 있는 곳. 입체파의 시작을 알리는 작품으로 늘 동경해 왔던 '아비뇽의 처녀들'을 만나길 원했으나 이곳 아비뇽 거리를 떠나 뉴욕 현대 미술관에 소장되어 있다고 한다. 창녀를 주제로 한 선정적 입체파 그림을 처음에는 이해해 주는 사람이 없었다. 친구 카를로스 죽음으로 인한 청색주의 시대 그림들도 여기에서 만날 수 있다.

그는 끊임없이 새로운 것을 추구하고 노력하고 탐구하여 게르니카 등 5만여 점이나 되는 상상을 뛰어넘는 수의 작품을 남겼다. 위대하고 거침없었던 예술가도 말년에는 동심을 주제로 한 작품을 연작하고, 소원했던 아버지를 애모하며 아버지가 좋아했던 비둘기 그림을 그리면서 마무리했다고 한다.

그가 존경했던 벨라스케스 걸작품 Las Meninas(시녀들)를 모티브로 한 연작 58점은 이곳 피카소 미술관의 자랑이다.
꼬르따도를 마시면서 천천히 피카소의 삶을 다시 음미해본다.

지중해 2023.4.28.

피카소 미술관 입구

피카소 미술관 내부

바르셀로나 미술관에 소장된 피카소의 청년기 주요 작품.

만년에는 어머니 모습을 연작하고, 소원했던 아버지를 생각하며 부친이 좋아했던 비둘기 그림을 그리기도 했다. 싸인도 없앴다.

천부적 자질을 가진 그를 대가로
만든 수많은 드로잉과 습작들

03 살바도르 달리 미술관

달리의 고향 피게레스에는 초현실주의 작가 살바도르 달리의 미술관이 있다. 달리가 구매하고 큐레이팅 까지 한 미술관이다. 미술관 외벽부터 괴이하다. 주홍색 벽면엔 똥 같기도 한 빵들이 가득하다. 빵과 같은 존재였던 부인 갈라를 생각하며 온통 빵으로 장식했다고 한다. 꼭대기엔 흰 달걀들로 장식하고.

1929년 그의 초대에 온 시인 엘뤼아르르의 부인 갈라를 보곤 한 눈에 반한다. 갈라가 열살 연상이란 사실도 문제가 되지 않았다.
이때 이미 달리는 우상 피카소도 전시회를 찾았다 할 만큼 명성이 자자했다. 갈라는 달리의 가능성에 빠져 남편이 천재 시인이란 사실도 잊는다. 달리는 갈라가 자유부인이 되도록 지루나에 성까지 사주며 배려하고 초현실주의 작품에 몰두 한다.

녹아 내린 시계, 식물 형상의 사람 등 모든 작품이 기상천외하다. 나체 여인의 뒷모습 그림을 사진으로 찍어 보면 링컨의 얼굴로 바뀌기도 한다. 밀레의 만종을 사마귀 옹크린 모습으로 바꾸기도 하고, 천지 창조도 제 기분대로 바꾸어 비교해 보란 듯 전시하고 있다. 달리의 상징인 콧수염을 죤레논 부인 오노 요꼬가 살려고 해서 한 가닥을 팔았다나 어쨌다나.

달리 미술관 외부 벽면은 부인 갈라를 생각하며 빵과 달걀들로 장식했다.

지중해 2023.4.29.

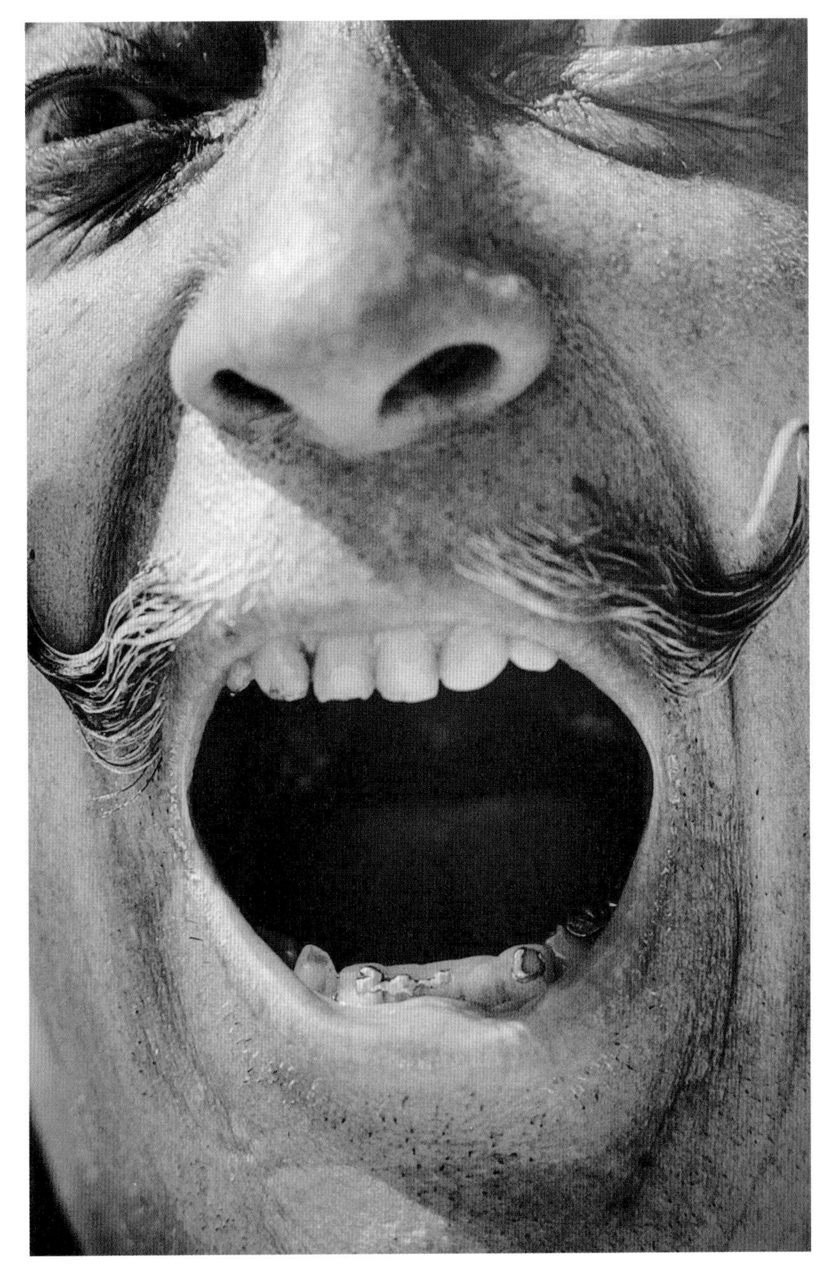

달리의 트레이드마크 콧수염

미술관 중앙에 있는 설치작품

가까이 보면 나체 여인, 멀리서 보면 링컨 초상화. 링컨과 부인 갈라의 합성 그림

각기 따로 제작한 사물을 적절한 공간에 배치하여 조합한 설치 작품. 메이 웨스트 방

달리가 그린 천지창조.

사람을 식물로 형상화한 그림.

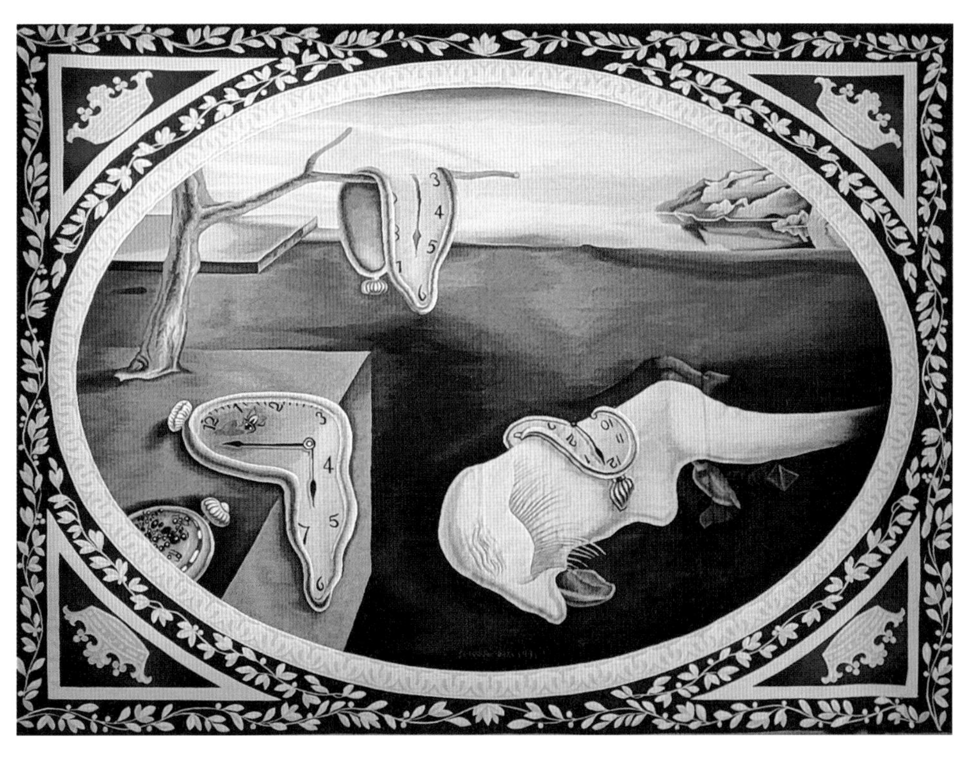

그의 상징인 찌그러진 시계는 시간의 영속성을 표현한 것이라고 한다.

04 지로나, 베살루, 토사데마르

왕자의 게임에 나왔다는 지로나(스페인어 헤로나) 풍경

푸른 바다의 전설 드라마에 전지현과 이민호가 만났다는 낭만 도시가 카탈루냐주 지로나다. 지로나는 골목길이 아름다워 스페인의 피렌체라 불린다.

지로나(GERONA) 온야르 강가 모습을 보러 세계인들이 몰려온다.

GERONA지로나(헤로나)는 알함브라 궁전, 왕자의 게임 촬영지로 소개될 만큼 아름답다. 도시 중심으로 흐르는 강을 사이에 두고 신, 구 시가지가 나뉘는데 구시가지는 색채의 조화와 누실(陋室)을 즐길 줄 아는 사람들이 사는 것 같다. 우리의 감천마을과 흰여울 마을을 합쳐 놓은 것 같은 곳. 분리 독립의지가 강해 곳곳에 독립주의자들의 무사 귀환을 염원하는 세월호 노란 리본이 여기저기 달려 있다.

골목길이 아름다워 스페인의 피렌체라 불리기도 하는데, 마을 입구에 있는 지로나 수호 사자 조각상에 입맞춤해야 출입을 허용했다 할 만큼 자부심이 강한 도시다. 이곳에 구스타브 에펠이 파리 에펠탑을 설계하기 전인 1877년에 설계한 빨간색 철교다리가 ' 여기가 먼저다 ' 하며 시위하듯 놓여있다.

베살루는 Pont Vell 다리 와 Sant Pere 수도원으로 대표 되는데 중세시대 모습 원형을 가장 잘 간직한 스페인 북부 천 년 고도다. 강제 퇴출당한 유대인들의 아픈 역사도 곳곳에서 만날 수 있다. 마을 전체가 영화 세트장 같다. 1000년의 역사를 간직한 다리와 창문이 없는 로마네스크 양식의 수도원 등을 만나 보면 눈이 휘둥그레진다.

바다의 등대 토사데마르(TOSSA DE MAR)는 바닷물이 투명한 코발트 색인데다 등대가 태종대 등대같이 절벽 위에 세워져 여행객들을 위로하기에 충분하다. 주변 마을의 경관도 놓치면 후회한다.

산 펠리우 성당

지로나 성당에서 내려다 본 원경

지로나의 수호신 사자상이 사람들의 손에 닳아 윤이 난다. 코로나 이후 만지지 말라는 안내판이 붙어 있다. '왕자의 게임' 촬영지였다.

독립의지가 강해 곳곳에 독립투사들의 무사귀환을 염원하는 노란 리본이 달려있다.

거리의 악사들도 여유롭고 멋있다.

지로나에서 반드시 들러야한다는 빵집

파리 에펠탑 짓기 전 구스타브 에펠이 만든 베예스(Velles) 다리

Pont Vell 다리와 천 년 고도 베살루 전경

창문이 없는 로마네스크 양식의
수도원 내부

Sant Pere 수도원

토사데마르
바다의 등대란
뜻이다.

토사데마르 골목 집과 앙증맞은 어린이 동상. 집과 골목들이 작품 같았다.

05 마요르카 안익태 선생과 쇼팽

휴양지로 이름 높은 발데모사 마을 전경. 사진보다 실지풍경이 훨씬 더 아름답다.

크루즈의 첫 기항지 마요르카(MALLORCA) 섬의 중심도시 팔마(PALMA)는 독일인들이 가장 좋아하는 여름 휴양지였다. 이곳은 우리 애국가를 작곡하신 안익태 선생이 정착한 곳으로 이곳의 교향악단 초대 상임지휘자로 활동하기도 했다. 부산 시립교향악단도 안익태 선생의 권유로 창단되었다고 들었다. 축구선수 이강인 선수가 소속된 구단도 마요르카가 아닌가.

60미터 높이의 사암으로 만든 유럽에서 가장 높은 고딕 대성당은 오랫동안 요새 역할도 했단다. 고급 요트들이 즐비하고 각국에서 온 관광객들로 늘 붐빈다.

예쁜 골목들이 많은 이 섬의 발데모사는 쇼팽의 흔적을 간직한 마을로 유명하다. 쇼팽의 연인 이었던 소설가 조르주 상뜨가 머문 CARTOIXA 수도원은 필수 여행코스. 여기서 쇼팽은 고생하는 연인을 생각하며 '빗방울 전주곡'을 만들었다. 곡이 아름답고 슬프다.

1832년 쇼팽의 파리 첫 연주회가 성공하고 몇 년 후 아이 둘 딸린 연상의 소설가 조르주 상뜨를 만나 사랑에 빠진다. 사람들의 입에 오르내리자 치유도 할 겸 따뜻한 이곳 마요르카 섬으로 왔으나 집주인들이 쇼팽의 병이 전염 될까 봐 피해 이곳 발데모사 수도원으로 들어온다. 그러나 기대와 달리 이곳의 이상 추위로 오히려 병이 더 심해지고 조르주 와도 이별하게 되어 파리로 돌아간 뒤 숨을 거둔다. 이곳에 머문 시간은 몇 개월 정도, 그런데도 세계인들이 몰려온다.

이곳엔 예쁘게 디자인된 감자 빵 맛집들이 즐비하다. 지역민들이 즐겨 찾는다는 SA FOGANYA 식당에 들러 핫쵸코 곁들여 즐겨본다. 5백년 흔적 묻은 계란색 사암 건물에 나무와 꽃들이 어울린 정원, 흰 구름 머금은 푸른 하늘을 고려해 옷 배색도 맞춰야 한다고 귀띔한다. 그만큼 경관이 빼어나다.

이 섬에서도 한국어 수강 열기가 뜨겁다는 설명에 뿌듯함을 느낀다.

마요르카 섬 팔마에 있는 유럽에서 가장 높은 고딕성당. 신부들이 전투시 방어 활동도 했단다.

발데모사 CARTOIXA 수도원을 관광하려면 옷도 색감에 맞춰 입어야 한다고 귀띔한다.

관광객들이 방문하면 쇼팽이 작곡한 빗방울 전주곡을 들려준다.

쇼팽이 치유차 머물렀던 발데모사의
수도원

수도원 내부

팔마 시청 앞
올리브나무 고목

주택가 지붕과 담장

쇼팽이 묵었던 숙소. 여기서 빗방울 전주곡을 작곡했다.
곳곳에 쇼팽이라는 간판, 포스터가 붙어있다.

06 엑상프로방스의 화가들

마르세유(Marseille)는 프랑스에서 파리 다음가는 큰 도시로 유럽, 중동, 아프리카와는 물론 아시아와도 해상 연결해 왔던 중요한 도시다. 그러나 가장 먼저 소개되는 것은 놀랍게도 이곳 출신 축구 선수 지단이다. 곳곳에 있는 푸른색 그래픽은 지단을 상징한단다.

나는 오래전부터 마르세유 인근 엑상프로방스가 궁금했다. 폴 세잔의 고향이고 모네도 이곳의 양귀비 꽃을 소재로 그렸고 고흐도 이곳으로 와서 그림을 그리기 시작했다고 한다. 베르사유 시 경계 언덕을 넘어 엑상 프로방스로 들어가 보기로 했다.

자연이 세잔, 모네, 고흐의 화풍과 너무나 닮았다.

지중해 2023.5.2.

저 산 넘어가 엑상프로방스. 마르세유 상징 로고가 인상적이다.

서양인들 일정에 참여하여 프랑스 올리브유의 자존심 '루르마랭(Lourmarin)' 올리브 농장에서 제조과정을 견학하고 자연 경관을 살폈다. 넓은 들 곳곳에 양귀비 꽃이 군락을 이루고, 뿌우연 몽환적 올리브 나무들과 간간이 아까시아 같은 흰꽃들이 강렬한 태양 아래 어우러져 마치 서양화를 보는 느낌이다. 라벤더 꽃 향기 마져 은은하다. 아~ 화가들이 이 모습을 놓칠 수가 없었겠구나.
교황 일곱 분이 이곳에서 여름을 지나셨단다.

마르세유 북부 작은 마을 루르마랭은 입구 성당 주변부터 원근법에 꼭 맞는 화폭 같다. 세월이 묻어있는 품위있는 골목마다 화랑과 까페 식당이 줄 서 있다. 이곳에서 프랑스 요리를 놓치면 후회할것 같아 아끼지 않고 주문했다.

집집마다 맛이 다르다는 푸아그라 거위간, 염소치즈 곁들인 부리타. 소고기 안심 육회 카르파쵸 샐러드, 이태리식 구운 센드위치 빠니니. 햄버거 프랜치프라이. 양도 많다. 한 사람에 3만 5천 원 정도. 아깝지 않은 맛이다. 다양한 올리브유를 아낌없이 즐겼다. 입과 눈이 즐거운 일정이었다.

교황의 여름 휴식처이기도 한 프로방스 소도시 루르마랭

사진 찍다가 작가(주인?)에게 혼이 났다. 밖에서 찍었는데도. 나중에 들은 얘기인데 화가들은 자기 작품 도용에 굉장히 민감하단다. 지적 재산권 보호 차원에서 사진 찍는 것도 자제할 줄 알아야겠다.

루르마랭에서 가장 유명한 올리브 농장에 들러 제조과정 설명을 들었다.
매혹적인 풍경에 기념품을 사지 않을 수 없었다.

루르마랭 골목길 풍경

화랑, 기념품 가게, 식당들이 줄지어 있다.

푸아그라 거위간

소고기 안심 육회 카르파쵸

07 피렌체와 메디치가

이탈리아 북부 라스페치아의 선상 아침은 환상적이다. 천혜의 해군기지 요새인데다 남쪽 끝이 친퀘테레 해안 절경으로 가는 관문 이기 때문이다.

이태리는 우리와 같이 반도 국가인데다 70%가 산악인데도 일찍이 운하 시설을 완비했기 때문에 국토를 푸르게 하고 산업화 기반을 닦을 수 있었겠다는 생각이 들었다. 특히 르네상스를 일으킨 후광으로 지금껏 세계인들이 몰려들고 있다. 그 중심에 메디치가가 있다. 더 깊게 알기 위해 추가 요금을 내고 일행에서 벗어나 피렌체를 다시 둘러보기로 했다.

날씨가 선글라스를 급히 찾을 만큼 뜨겁다가 구름이 끼고 바람 불면 갑자기 추워진다. 그래서 사람들도 열정적인가 보다.

피렌체로 안내하는 분이 피렌체의 주도 토스카니는 산이 아름답다면서 산을 가리키는 데 멀리 있는 산이 군데군데 흰 눈이 덮인 것 같다. 대리석 채취의 흔적이란다. 미켈란젤로가 피렌체에서 태어났다. 레오나르도 다빈치도 피렌체 멀지 않는 곳에서 났고, 마키아 벨리, 갈릴레이도 피렌체 출신이다. 이분들이 메디치가와 인연이 되어 조각 작품을 만들고 스스로 조각이 되어 관광객들을 반긴다. 오늘의 피렌체 풍요는 메디치가가 만들었다고 해도 과언이 아니다.

발굴되지 않은 유물이 많아 지하시설을 섯불리 할수 없어 지하철도 없고 수도물은 귀하고 오수 처리도 어렵다. 그런데도 집세가 매우 비싸다.

우피치 미술관 앞에서 골리앗 치기 전 고뇌하는 다윗을 만나고 포세이돈 동상도 다시 찬찬히 살펴 본다. 1345년에 건설된 베키오 다리도 다시 걸어 본다. 20년 전 넥타이 샀던 가게가 귀금속 가게로 바뀌어 있었다. 피렌체는 메디치가의 후광으로 여전히 만원이었다.

피렌체는 색감이 풍부하다. 두오모 돔에 올라있는 관광객들도 색감을 더한다.

지중해 2023.5.3.

베키오 다리

로마시대 마지막 다리로 원래는 푸줏간, 대장간이 있었다. 금은방으로 바뀌어 있는 베키오 다리 상가는 언제나 만원이다. 평생 가슴앓이만 했던 단테가 베아트리체를 처음 만난 장소라 알려지기도 했다.

피렌체
두오모 성당

양치기 소년 다윗이 물맷돌만 가지고 거대한 골리앗과 싸우기 전 고뇌하는 모습

물과 바다, 지진의 신 포세이돈

대리석 채취로 눈이 내린 것 같은
피렌체 인근 토스카니 산들

레오나르도 다빈치도 스스로 동상이 되어 반긴다.

08 콜로세움과 시스티나 성당

2천3백 년 전에 만든 고속도로가 지금도 사용되고 있다는 도시 로마.

먼저 바티칸 박물관에 들러 미켈란젤로의 걸작 피에타(자비)와 유작 론다니니의 피에타를 만났다. 죽기 3일 전까지 작업했다는 유작의 론다니니는 어머니의 예명. 예수를 힘겹게 돌보는 마리아상에 자기를 거두었던 그의 어머니 모습을 투영시킨 작품이 애틋하다.

시스티나 소성당에 들어서면 미켈란젤로를 경외하지 않을 수 없게 된다. 조각가였던 그가 교황의 명을 받아 길이가 26m나 되는 천장화를 그렸다. 최후의 만찬, 천지창조는 물감 독성 때문에 왼쪽 눈이 멀고, 천정을 보며 그린 후유증으로 어깨가 무너져 내린 후에야 완성되었다. 원근법으로 그린 벽화는 마치 조각 작품 같다.
로마는 영국, 터키, 아프리카에 이르기까지 끝없이 정복하고 수용해 나갔다. 45m 높이에 80개의 문을 만들어 6만 관중이 5분 만에 들어와 착석할 수 있게 설계한 거대한 콜로세움이 피바다가 되도록 전투를 즐겼다.

그렇게 강했던 로마가 망한 이유가 멈추지 않았기 때문이라고 영국의 역사가 에드워드 기번은 말한다. 가끔 뒤돌아 보는 지혜가 필요하다는 의미다. 로마를 바로크 시대로 바꾼 카라바조 비석에 '나는 이렇게 죽었습니다. 내 작품을 보는 당신도 죽습니다'라는 천재의 경구가 무겁게 다가온다.

CALABRIA 섬 알비 마을에 태극문양이 있는 안토니오 꼬레아의 무덤이 있고 꼬레아 성을 가진 사람들이 집단 거주하고 있다. 베니스의 조선상인이 안토니오꼬레아였고 그의 부인 고향이 카라브리아 섬이었기 때문에 그곳에 정착한 안토니오(安)의 후예들이란다.

이탈리아 사람들은 오히려 인천공항의 깨끗함과 한국 공중화장실의 깨끗함에 놀란다고 한다. 한국 따라가려면 20년은 걸릴 거라고 말하기도 한단다. 바티칸 박물관 입구에서 한국어로 된 안내판을 보니 뿌듯하다.

지중해 2023.5.4.

바티칸 박물관
앞 성 베드로
대성전 큐폴라

가림막 설치용 받침 입석

고도의 공학 기술이 필요한 기법이라고 한다.

로마의 번영은 다른 문물을 끊임없이 수용했기 때문이었다.
그 로마도 외세의 침략을 막기 위해 성벽을 쌓지 않을 수 없었다. 역사의 교훈이다.

콜로세움 내부　　신분과 성별에 따라 1층 특별석엔 황제와 원로원, 2층엔 귀족과 무사, 3층엔 로마 시민, 4층엔 여자, 노예, 빈민층이 자리했다. 덮개 덮어 경기했는데 덮개 아래 맹수와 검투사들이 대기했다 한다.

콜로세움　　제국의 상징. 물을 채워 모의 해전도 했다 한다.
장축지름 187m 둘레 527m 높이 48m인데 층마다 양식을 달리하고 외벽은 가장 견고한 구조인 아치 80개로 둘러싼 공학적인 건물이다. 차양막도 설치할 수 있는 데다 6만 관중이 5분 만에 들어와 착석할 수 있게 설계했다는 설명에 할 말을 잃었다.
현재 원형의 3분의 1만 남아 있는 상태라고 한다.

트레비 분수 로마의 명물. 그리스신화 속 주인공들을 형상화한 분수를 등지고 서서, 오른손으로 동전을 왼쪽 어깨너머로 던지면 로마에 다시 올수 있다는 속설에 따라 던져진 동전이 올해만 약 160만 유로(약 23억 원)였다. 영화 '로마의 휴일'에서 오드리 헵번이 이 분수에 동전을 던지는 장면이 유명하다.

미켈란젤로의
천지창조

촬영이 금지되어 광고판을 촬영했다.

시스티나 성당 천장화

바티칸 광장에서 바라본 성전 앞모습

미켈란젤로의 피에타　　성모 마리아가 예수님 거두는 모습

누가 날 도와줘요 라고 외치듯이 생생하게 표현한 카라바조의 '그리스도의 매장'

뼈와 근육 움직임까지 표현한 네오나르도 다빈치의 그림. 돌멩이로 가슴 치려는 모습

그리스도의 변용　간질병 아들을 고쳐달라고 호소하자 예수님을 가리키고 있는 라파엘로의 유작

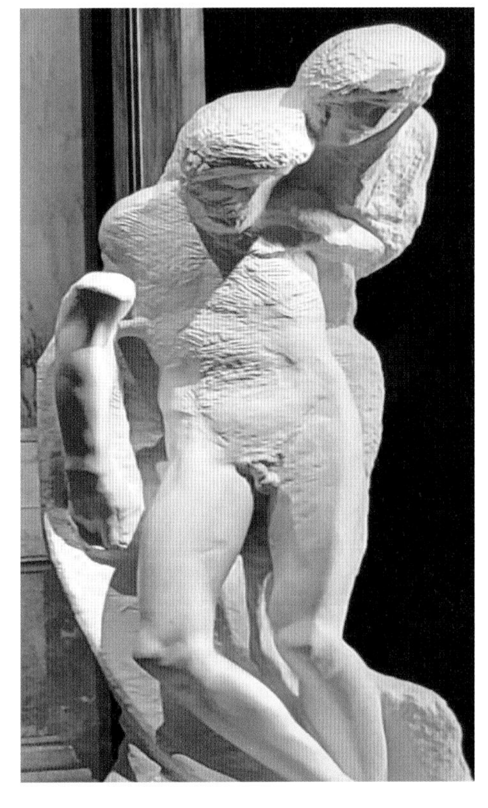

론다니니의 피에타　미켈란젤로가 죽기 3일 전 완성했다는 유작. 어릴 적 여읜 어머니를 잊지 못해 자기의 마지막을 거두는 모습을 조각했다.

소렌토 연안 전경

지중해 2023.5.5.

09 소렌토, 포지타노, 아말피

'나폴리를 보고 죽어라' 괴테가 이탈리아 기행에서 남긴 말이다. 거대한 것보다 작은 것을 소중히 여기는 도시. 도착하니 전날 밤 김민재 선수가 소속된 나폴리 축구팀이 33년 만에 우승 기반을 만들어 한국 사람을 동료처럼 반긴다. 김 선수가 다른 팀으로 옮기지 않도록 당부까지 하면서.

오늘 여행지는 나폴리 인근 아말피 해안마을 - 소렌토, 포지타노, 아말피 그리고 국제음악제가 열리는 마을 라벨로.

소렌토에 여행자들이 몰리는 이유는 절경이기도 하지만 그리스 신화에 나오는 인어 세이렌이 살았던 곳이기 때문이다. 스타벅스가 세이렌 인어를 로고로 쓰고 있는 이유도 세이렌의 치명적인 노랫소리처럼 고객을 끌어들이겠다는 뜻. 우리에게 익숙한 돌아오라 소렌토로의 소렌토는 아말피 여행의 출발점이다.

아말피는 12세기까지 해상왕국 중 하나였으나 1343년 대지진으로 도시와 전 주민이 바닷속으로 빠져버린 비극 때문에 20세기 초반까지만 해도 숨겨진 곳이었다. 노벨문학상 작가 스타인 백이 그 매력을 글을 통해 세상에 알리면서 내셔널 지오그래픽이 죽기 전에 꼭 가 봐야 할 곳 1위에 선정하기에 이르렀다.
그리스 신화에 사랑한 요정을 떠나보낸 헤라클레스가 세상에서 가장 아름다운 마을을 세웠는데 그 요정의 이름이 아말피였다고 한다.

바라보는 순간 반하게 되고 떠나는 순간 그리워하게 된다는 꿈의 도시 포지타노는 아말피 해안의 중심에 있다.

피요르드 같은 절벽 위 아찔하게 굽이치는 좁은 길을 곡예 하듯 운전하고, 한없이 펼쳐지는 코발트색 지중해 바다 위로 햇살 듬뿍 받은 보트들이 경쟁하듯 오간다. 코너를 돌 때마다 아름다움에 탄성이 이어진다.

괴테는 바다의 도시는 바다에서 올려다봐야 한다고 했다. 포세이돈의 도시 포지타노에서 아말피까지는 보트를 타고 가며 관상했다. 지나치는 보트끼리는 친구가 된 듯 팔 올려 반갑게 서로 인사한다.
자연이 만들어 주는 따듯한 풍경이다. 전망대 경관은 경이롭기까지 하다.

바다의 도시를 올려다보기 위해 수많은 보트가 오가고 크루즈도 떠있다.
포지타노는 육지도 이미 만원이었다.

절벽 위 180도 곡각지 도로를 용케도 운전해 다닌다.

포시타노 경관과 해수욕장

10 라벨로 국제음악제

아말피 근처에 있는 라벨로는 바그너가 머물면서 오페라를 작곡했던 곳. 그가 쓰던 피아노가 전시되어 있고, 그를 기리기 위해 매년 6월부터 국제 음악제가 열린다. 바다 쪽에서 불어온 해풍이 소리를 밀어주어 음향 효과가 배가 된단다.

아말피 해안 끝자락이 내려다보이고 안토니오 꼬레아 후손들이 사는 카라브리아섬을 아련히 조망할 수 있는 절경, 빌라 루폴로에서 거행된다. 통영국제음악회도 이 음악회를 벤치마킹 하고 있다.

나폴리를 맛보기 위해 이곳의 피자 맛집에서 모차렐라, 마르가리타, 프리마베라 3종류를 시켜 음미했다. 이곳 피자는 중앙은 3~4mm 정도로 얇게 가장자리는 두껍게, 밀가루종류, 염분 정도, 숙성기간 등이 약관으로 정해져 있다. 피자는 나폴리 사람들의 자존심이기 때문이란다.
부산의 맛과 산복도로의 경관이 오버랩된다.

바그너가 쓰던 피아노

국제음악제가 열리는 빌라 루폴로 정문

아말피 성 안드레아 성당

성 안드레아 동상

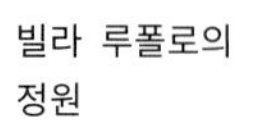

빌라 루폴로의 정원

6월 부터 음악회가 열리면 정원은 관중석이 되고 연주석은 앞으로 달아낸다. 연주하면 바다에서 밀려온 바람이 음의 효과를 배가해 준다.

빈 공간은 모두 천혜의 레몬밭이다.

아말피 해안 끝자락(왼쪽)이 조망되는 '빌라 루폴로' 정원 앞자락. 이 정원에 무대를 달아내어 공연한다. 한국의 정명훈 선생도 참여했다고 한다. 바다 오른쪽 끝에 카라브리아 섬이 있고 태극 문양이 있는 안토니오(安)꼬레아의 무덤이 있다.

지중해

빌라 루폴로 정원

1877년 바그너는 라벨로(Ravello) 언덕 절경에 있는 빌라 루폴로에서 그의 최후의 오페라인 파르지팔에 대한 작업을 시작했다. 온갖 꽃들과 이국적인 나무, 아말피의 절경이 내려다보이는 13세기 건물 마당 조경을 보고 마법의 정원 클링조르를 위한 오페라를 작곡했다.

11 크루즈 여행을 위하여

제대로 된 크루즈 여행을 하고 싶었다. 시차 극복과 문화 적응을 위해 다른 일행보다 이틀 일찍 바르셀로나에 도착했다. 시 중심지에 있는 까사 바뜨요 맞은편에 숙소를 정하고 까탈루니야 사람들의 생활상과 문화 수준을 살폈다. 배려심이 많고 늘 미소 지으며 여유로워 보여 편안했다. 음식도 환경도 깨끗해 만족스러웠다.

일행과 합류한 날은 숙소가 FC바르셀로나의 '캄 노우' 홈구장과 걸어서 10분 거리에 있는 데다 경기마저 열려 여기저기서 광적인 열기를 충분히 느낄 수 있었다. 밤 9시에 경기가 시작되자 반주를 곁들인 9만 이상의 관중이 소통 환호하며 축제를 즐기고 있었다. 다녀온 시람 한테 들어 보니 중간에 폭우가 쏟아졌는데도 그냥 모두가 함께 즐기더란다. 소란이 두려워, 입장해 함께 즐기지 못한 것이 못내 아쉬웠다.

내가 승선하는 지중해 크루즈선는 로얄캐리비안사의 심포니오브더씨 호로 23만톤급 세계 최대의 크루즈 선이었다. 최근에 같은 회사에서 좀 더 큰 ICON OF THE SEAS를 취항 시켰단다. 심포니 호는 2018년도에 취항한 크루즈로 탑승객만 6.600명, 승무원 2,200명으로 떠다니는 도시로 불린다. 길이 362m 폭 66m로 인공 파도타기, 미니 골프코스. 아이스링크, 조깅코스 등이 갖춰져 있다.센트럴파크에서 자연을 즐길 수도 있다. KEY GUEST가 되면 식당 배정도 달라진다.

지난 3월 15일 북항에 입항한 독일의 아마데아호가 2만 9000톤급, 일본이 모항인 63빌딩 크기라는 프린세스 다이아몬드 호도 11만 톤급 이고 보면 그 크기를 가늠할 수 있다. 콜럼버스 동상 지나고 나니 바르셀로나 항이 나오고 터미널 C에서 승선한다. 크루즈선이 여러 척 떠있고 크루즈 부대시설들도 어마어마하다.

그때 그때 기록을 남기고 공유하기 위해 크루즈선 내에서도 언제든지 와이파이 사용이 가능하도록 돈 들여 신청하니 식사 메뉴도 달라지고 승선 시간도 차별화되어 줄 서 기다리지 않아서 좋다.

지중해 2023.5.6.

선상 쇼핑몰

예약 없이 언제
든지 원하는
음식을 즐길 수
있는 뷔페식당

16층 객실 중 하나인 승객 방

크루즈 대극장

대극장에서 보는 수준 높은 서커스 공연

연극도 유행하는 인기 프로그램을 공연한다.

재즈 공연 소극장

짚라인, 수영장, 서핑, 실내 아이스케이트 장, 조깅코스 등 다양한 스포츠시설이 마련되어 있다. 곳곳에서 승객들은 일광욕을 즐긴다.

지중해

일몰 배경으로 셀카 찍는 연인

낙양

12 중국의 중원 정저우(鄭州)

정저우(鄭州)역은 중원(中原)의 성도(省都)답게 수많은 노선이 운행되는 교통 요충지였다.

정저우(鄭州)-카이펑(開封) 간 열차를 재현한 유람 열차가 지금도 운행되고 있었다.

1944.1.27. 中國開封에서
(1943.3.~1946.10)
滿洲土木 北京支社
開封-鄭州間鐵道工事
北京飛行場工事
技術主任勤務.

80년 지난 부친의 빛바랜 사진에 남겨진 메모가 나의 버킷 리스트가 된 지 오래다. 앨범을 정리하다가 1944년 1월 27일 찍은 사진에 개봉(開封) - 정주((鄭州) 철도공사 기술주임 하셨다고 적어 놓은 것을 찾은 것이다. 코로나로 닫힌 중국 여행의 빗장은 풀렸으나 한중관계는 여전히 냉랭한 상태에서 찾아 나서기로 했다.

비자신청 선행조건인 항공권 구입, 숙소 예약을 마무리하고 10장이나 되는 까다로운 비자 신청서 작성을 영어 시험 치르듯 마쳤다. 그러나 그게 전부가 아니었다.

위챗(微信) 페이를 재사용하기 위해 중국건설은행 기존 ID 정보를 전부 새로 입력했는데도 연결이 되지 않는다. 정주행 직항로가 끊겨 상해 푸동(浦東) 공항을 경유해야는데, 이틀 전에 예약된 비행기가 취소되었다고 통지가 온다. 홍차오(虹橋) 공항까지 찾아가 야간 비행기편으로 갈아타야 했고 정주 신정 공항에는 밤 9시 넘어 도착했다.

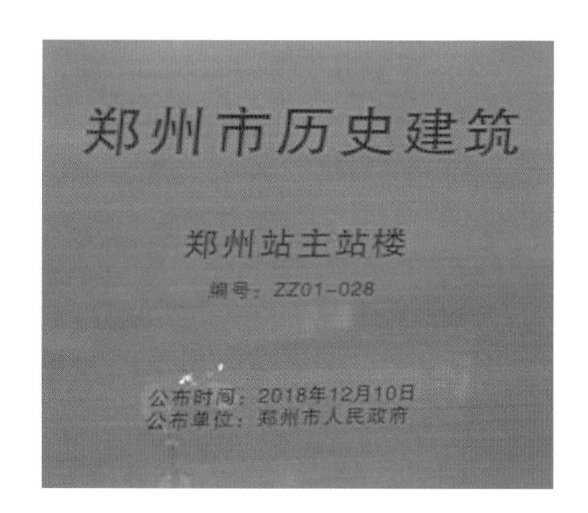

정저우역 정문 왼쪽에 붙어 있는 정저우시 역사 건축물 표식. 부친 흔적을 찾은 듯 바라다보았다.

아침 일찍 서둘러 9시 전에 허난 성 박물관에 도착했는데 줄이 담벼락을 둘러 서 있는데다 당일표는 팔지도 않는단다. 급히 상(商)나라 성벽 정저우상청(鄭州商城)으로 향했다. 4천 년 전 상(商)나라 탕왕(湯王)시기의 여러 부장품이 반겨 주었다. 감격이다.

정저우(鄭州)는 황허문명의 발상지로 중국 8대 고도이며 한나라의 뤄양(洛陽), 북송의 카이펑(開封). 은나라의 안양(安陽)을 위성도시로 한 허난 성 수도이다. 백거이와 두보를 길러 낸 중원(中原)의 중심이며 한족의 본거지 주(周)나라가 있었던 곳으로 이곳을 정복해야 중국을 통일할 수 있다고 했으니 중국어 관광통역사인 나는 가봐야 할 곳이었다.

정저우(鄭州) 북쪽 197km에 있는 은허(殷墟)(지금의 安陽) 는 갑골문자를 사용했던 상(商) 나라(BC1600~BC1046년) 후기 수도였다. 중국 역사상 최초의 왕조 상(商)나라가 마지막으로 옮긴 수도가 은(殷)이어서 은나라라고 부르기도 한다.

삼국시대 판도를 결정지은 관도 대전이 벌어진 곳으로 부산의 10배인 7,507 제곱킬로미터 면적에 인구는 1,300만, 시내에서 15km 떨어진 곳에 황허 강이 흐르고 있었다.

상도(商都)박물원 상(商)나라
탕왕(湯王) 동상 앞 기념촬영

정저우(鄭州) 상도(商都) 유적과 박물원 표지석

현존하는 상(商)나라 성곽 유적지 복원 전 모습

4천 년 전 상성(商城) 건설 재현 미니어처

상성(商城) 발굴 당시 부장품 매장 모습

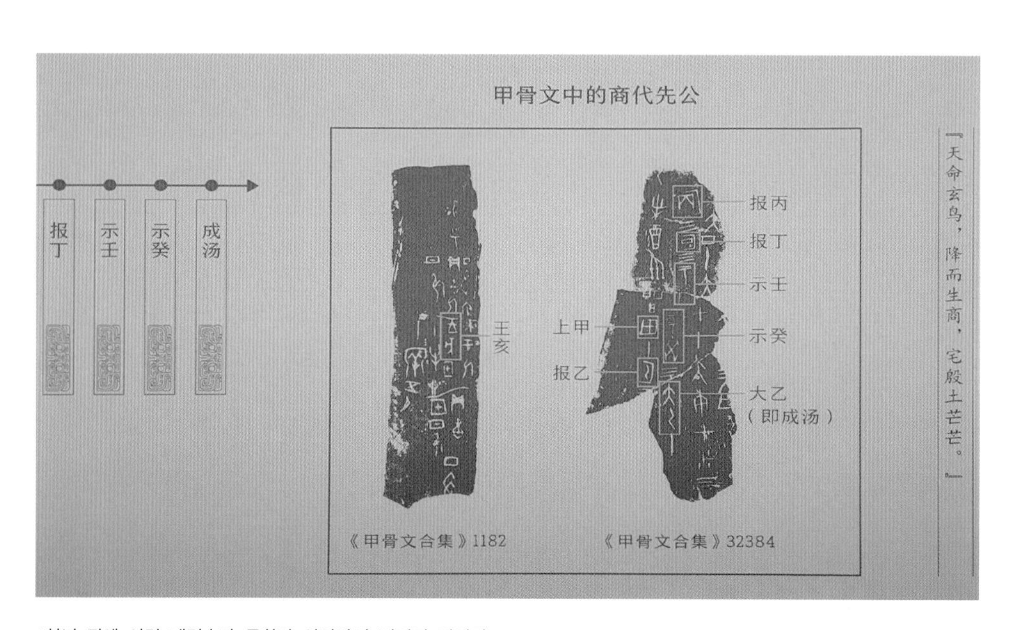

4천년 전에 이런 제련술과 문화가 있었다니 믿기지 않았다.

13 송나라 수도 카이펑(開封)

춘추시대 이래 유구한 역사를 가진 카이펑(開封)은 황허 강 하류의 제방이 1,590회나 터졌고 황허 강의 물길이 26번이나 바뀌어 모든 유적이 지하 10m 아래에 묻혀 있단다. 위나라(10~14m) 당나라(10~12m) 북송(8~10m) 금나라(6m) 명나라(5~6m) 청나라(3m)등

카이펑은 통일제국 송(宋) 나라(960~1279)의 수도. 문화의 황금시대를 맞아 북송시대 카이펑은 당시 세계에서 가장 큰 도시였다. 주희가 성리학을 만들어 조선 개국의 이념이 되고 사악(詞에 음을 붙인 것), 교방악(敎坊樂), 대성아악(제례악)이 등장하고 그 교방악이 궁중악가무(樂歌舞)로 발전 고려로 전해 내려와 지금에 이르고 있다고 본다.

그러나 군사력을 등한시해 1127년 여진족이 세운 금(金)나라에 밀려 항저우로 도읍을 옮기고 1279년에는 몽골의 쿠빌라이 칸이 세운 원나라에 의해 멸망한다. 시사하는 바가 크다.

북송시대 판관 포청천이 집무하던 개봉부가 관광객을 맞이하고 있고, 북송 제1의 시인 소동파가 동생, 아버지와 함께 묻힌 산수편(三蘇墳)도 있다. 북송의 청명절 풍속을 들여다보듯 그린 장택단의 청명상하도(清明上河圖)가 탄생한 곳이기도 하다. 고루 야시장에는 볼 것도 먹을 것도 많다.

자동차, 오토바이, 삼륜차, 사람 심지어 개까지 신호 무시하며 알아서 종으로 횡으로 눈치껏 걷는다. 아찔아찔하다

지역 특식 관탕 샤오룽바오(灌湯小龍包)와 국화차, 통즈지(桶子鷄)를 맛보기 위해 미리 알아온 맛집으로 가자고 했으나 택시 기사가 더 좋은 전통 집으로 안내한다고 해 감사한 마음으로 따라갔으나 질기고 짜다.

다른 기사는 국화차 자랑을 하더니 찻집 앞에서 차를 잠시 수리하겠다고 세운다. 속내를 알아차린 우리가 다른 택시를 부르니 다시 태우고는 사투리로 알아듣지 못하는 얘기를 하더니 우리가 가고자 했던 대상국사(大相國寺)와 유사한 자기와 인연이 있는 다른 사찰에 데려다 준다.

포청천이 집무했던 개봉부 관청

과거 수도의 영광을 되새기듯 카이펑은 아직도 변경, 동경이란 지명을 자랑스럽게 쓴다.

555년에 지은 대상국사(大相國寺)

수호지에 나오는 노지심의 버드나무 뽑아 버리는 이야기와 신법에 반대한 북송 대문호 소동파와 신법 주도한 왕안석의 티격태극 방문 일화도 들을 수 있다.

청명상하원 동경부두(東京碼頭)

동경은 개봉의 별칭이었다.

까마귀 울음소리 시끄럽다고 나무를 뿌리
째 뽑아버리는 대상국사 노지심 스님 상

청명상하도

북송의 화가 장택단이 청명절 풍속을 그린 청명상하도와 그의 동상. 송나라 시대상을 소상히 알 수 있는 그의 그림은 동영상화되어 상하이 엑스포 때 큰 관심을 끌었었다.

청명상하도를 주제로 만든 공원 청명상하원의 정문

40여 만평에 달하는 청명상하원의 안내도

화려했던 생활상을 알 수 있는 청명상하원 내 송나라 시대 건물 모습

청명상하원에서 열리는 송나라 시대 전투 재현 모습. 탱크형 병기가 신기하며 박진감 있게 사실적으로 전개되어 관객들을 사로잡는다.

청명상하원 옆에 있는 중국 한 원. 공자가 모셔져 있다.

카이펑의 특산물 국화차

카이펑 대표 음식 통즈지(桶子鷄), 꽌탕사오롱빠오(灌湯小籠包)

야경이 가장 먼저 시작된 고도답게 뤄양의 야경은 화려하다.
그중 뤄이고성(洛邑 古城) 야경이 으뜸이다. 연못과 버드나무, 송대 여인들이 어우러져 조명 속에 하늘거린다.

14 5천년 역사 품은 뤄양(洛陽)

중국역사 100년을 보려면 상해로 가고 1,000년의 역사를 보려면 북경으로 가고 3,000년의 역사를 보려면 서안으로, 5,000년의 역사를 보려면 뤄양(洛陽)으로 가라고 했다.

뤄양은 삼국시대 위(魏)나라 수도였으며 중국 역사상 13개 왕조의 도읍지, 8개 왕조의 제2수도 역할을 지냈다. 모란꽃이 유명해 목단성(牧丹城)으로 부른다. 모란꽃 축제가 열리고 모란꽃 차도 유명하다.

밤 9시 20분 뤄양롱먼(洛陽龍門)역에 도착하니 자가용 영업 기사들이 몰려온다. 시내까지 야밤에 한적한 교외를 30분 이상 달려야 하니 믿을만한 기사를 골라야 했다. 다음날 차를 또 이용할 것처럼 시늉해 명함도 받고 차량 사진도 찍어 두었다.
뤄양은 삼국지 이야기 배경이 된 도시로 관우(關羽) 사당과 관우의 머리가 묻힌 관

낙양 2023.09.18

뤄이고성 내 유서깊은 식당과 동상들이 운치를 더하고 있다.

림(關林)이 있고 서기 68년 후한 시대 최초로 전래한 불교 사원 백마사(白馬寺)가 있는 곳이다. 고관들의 명당 묘지가 있던 북망산(北邙山)은 아직도 우리 입에 회자하고 있지 않은가.

후한말 십상시의 난 끝에 정권을 잡은 동탁은 반동탁 연합군을 피해 장안으로 천도하면서 뤄양에 불을 질러 폐허로 만들었다. 시민들은 지금도 동(董)씨 성을 가진 사람을 혐오한단다. 중국을 통일한 수나라 양제가 무리하게 수도를 장안에서 뤄양으로 옮기려 하다가 나라가 망하는 원인이 되기도 했다. 사마광은 고금의 흥망성쇠를 알고 싶으면 뤄양성(洛陽城)에 가보라 했다.

뤄양은 밤이 아름답기로 유명하다. 중국에서 야경거리가 가장 먼저 생겼다고 한다. 리징먼(麗景門) 거리는 수나라 때부터 생겼고 뤄이(洛邑) 고성은 연못과 버드나무, 고색창연한 가게와 조명, 송나라 복장의 여인들이 어울려 밤 문화를 즐기기에 그지없이 좋다. 도심 곳곳에 야경거리를 만들어 밤이 오히려 활기가 넘친다. 동남쪽 35km 지점에 숭산 소림사가 있다.

뤄이 고성과 문봉탑을 지나면 연못가에 홍등 상가가 형성되어 있다.

어둠이 내리자 송나라 복장을 한 여인들이 관광객을 환영하러 들어오고 있다.

리징먼(麗京門)과 수나라 때부터 형성된 노포상 거리 입구
리징먼(麗京門)을 들어서면 야경거리가 사방으로 연이어 이어진다.

노포상 거리에 사마씨 가게도 눈에 띈다.

천추경앙 관우 비(聖祖 關公羽 云長 懿行碑)라 극존칭한 관우의 묘비 뒤에 그의 머리를 모신 봉분이 있다.

사당에 모셔진 관우의 모습은 당당, 근엄, 화려하기 그지없다.

15 10만 석불 롱먼(龍門)석굴

정저우역에서 뤄양롱먼(洛陽龍門)역까지는 고속열차로 45분, 낙양에서 시내버스로 40분 걸린다. 낙양의 모든 길은 롱먼석굴로 통하는 듯했다. 롱먼(龍門)산과 샹산(香山)의 암벽을 따라 이허(伊河) 양안 1.5km에 걸쳐 북위 시대인 5세기 말(494년)부터 당나라 때인 9세기까지 2,345개의 석굴과 10만 점이 넘는 불상, 2,800개의 비문, 50여 개의 탑이 조성되어 있다. 상상을 뛰어넘는다. 무엇이 저토록 절절했을까?

불상은 10m가 넘는 것부터 몇 cm인 작은 것도 있다. 오늘은 부슬비가 내려 작은 석상도 도드라져 보인다. 불상의 머리가 없는 것도 많다. 미신과 문화혁명 당시 홍위병의 난동 때문이란다.

당의 고종 때 발원하여 만든 봉선사(奉先寺)의 대형 비로자나불은 폭 35m의 석굴을 만들고 그 안에 귀 길이만도 1.9m나 되는 높이 17.4m의 비로자나 대불을 앉혔다. 측천무후(690년~705년)를 미화하여 황제로 등극시키기 위해 그를 모델로 삼았다는 이야기도 전해온다.

고양동(古陽洞)은 가장 오래된 동굴이자 예술적 가치가 높다. 북위 때 총 80만 명의 인력이 24년에 걸쳐 건설했다는 빈양삼동(賓陽三洞)은 세 개의 굴에 11개의 대형 불상이 모셔져 있다. 불가사의한 거대한 석회암 석공예 박물관이다.

향산사(香山寺)는 자신의 왼팔을 잘라 달마의 제자가 되었다는 혜가(慧可)대사가 출가한 절이다. 측천무후가 여기서 시화대회를 자주 열었다 할 만큼 풍광이 빼어나다. 장개석은 여기에 별장을 지었다. 백거이(白去易)도 여기서 17년을 지내며 스스로 향산 거사(香山居士)라 불렀다. 구로당(九老堂)에서 친구들과 다담청교하며 지내다 인근 백원(白園)에 묻혀있다.

4시간 정도 걷고 보고 사진 찍고 돌아 나오면 향토음식 카오완미엔과 구오티에 식당들이 줄지어 반겨 맞는다.

516년에 건립된 향산사의 대웅전
향산사는 봉선사 맞은편 이허(伊河)
서측 석굴 중앙에 있다.

낙양 2023.09.19

佛光
大雄寶殿

향산사(香山寺)는 백거이(白居易)의 구로당(九老堂)이 마음에 와 닿는다.

그가 829년에 소주 자사 관직을 그만두고 고향 뤄양으로 돌아와 832년 부터 스스로 향산 거사라 칭하고 이곳에서 머문다. 9노당 중앙에 백거이가 서 있고 좌우에 각 네 분의 친구들이 나란히 하고 있다.
그는 810년 당헌종이 신라 헌덕왕에게 보내는 국서를 짓기도했고 항저우(杭州) 자사로 재직하는 동안 시후(西湖)에 바이띠(白堤)라는 제방을 만들기도 했다. 그의 애민정신은 오늘날까지 전해진다.

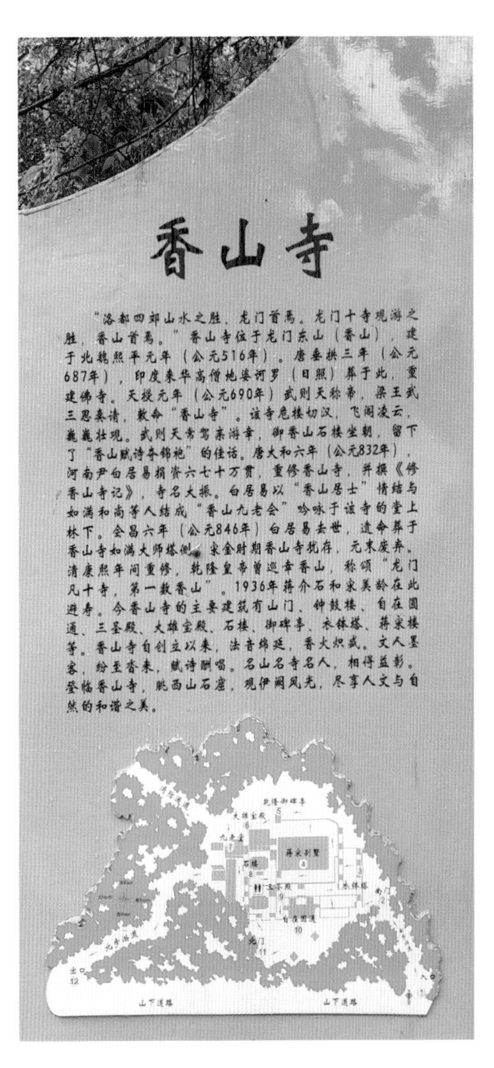
香山寺
“洛都四郊山水之胜，龙门首焉。龙门十寺观游之
胜，香山首焉。”香山寺位于龙门东山（香山），建
于北魏熙平元年（公元516年）。唐垂拱三年（公元
687年），印度来华高僧地婆诃罗（日照）葬于此，重
建佛寺。天授元年（公元690年）武则天称帝，梁王武
三思奏请，敕命“香山寺”。该寺危楼切汉，飞阁凌云，
巍巍壮观。武则天常驾亲游幸，御香山石楼坐朝，留下
了“香山赋诗夺锦袍”的佳话。唐大和六年（公元832年），
河南尹白居易捐资六七十万贯，重修香山寺，并撰《修
香山寺记》，寺名大振。白居易以“香山居士”情结与
如满和尚等人结成“香山九老会”吟咏于该寺的堂上
林下。会昌六年（公元846年）白居易去世，遗命葬于
香山寺如满大师塔侧。宋金时期香山寺犹存，元末废弃。
清康熙年间重修，乾隆皇帝曾巡幸香山，称颂“龙门
凡十寺，第一数香山”。1936年蒋介石和宋美龄在此
避寿。今香山寺的主要建筑有山门、钟鼓楼、自在圆
通、三圣殿、大雄宝殿、石楼、御碑亭、衣钵塔、蒋宋楼
等。香山寺自创立以来，法音绵延，香火炽盛。文人墨
客，纷至沓来，赋诗酬唱。名山名寺名人，相得益彰。
登临香山寺，眺西山石窟，观伊阙风光，尽享人文与自
然的和谐之美。

향산사 안내도

향산사 대웅전 왼쪽 석축에 있는 구로당

구로당 입구

백거이

夜 坐

백거이

기우는 달 이미 대청 앞을 서성이고

밤이 깊어가니 그리움이 자리 잡네

오동 그림자가 섬돌 위로 오르니

귀뚜라미 소리 쓸쓸함을 더하네

어느새 창틀을 비집고 가을은

찬 대자리로부터 다가오네

가슴에 맺힌 그리움 깊어 오는데

닭 울음소리가 밤을 밝히네

용문석굴을 처음 만든 효문제

수많은 감실과 헤아릴 수 없는 작은 불상

불탑도 50여개 세워져 있다.

봉선사 비로자나불

용문석굴 중앙에 가장 크게 자리한 봉선사 비로자나불. 측천무후를 모델로 했다는 설이 있다.

용문 서산 중단에 있는 만불동, 남북 양 벽에 1만 5천여 작은 불상이 조각되어 있다.

잠계사(潛溪寺) 아미타불은 높이가 7.8m나 되는데 신체 각부가 균형이 잡혀있다. 좌우협시 관세음보살과 대세지보살이 있어 서방 삼성(三聖)이라 부른다.

빈양중동. 과거불 현재불 미래불 "3 세불"이 조성되어 있다. 예술적 역사적 가치가 높다고 한다.

북위 시대 조성된 빈양 남동. 정관 15년 당태종 이세민 시기에 완공되었다. 주존 불은 8.6m, 작은 감실이 350개나 있는 당나라 예술의 대표적 동굴이다.

16 숭산 소림사(少林寺)

소림사 석조문

소림사 입구

소림사는 북위 효문제 때 인도에서 온 발타 선사가 495년에 창건했다. 중국 5 악(岳)의 하나인 숭산(崇山)에 자리한 소림사는 인도불교 선종 28대 종정인 보리달마가 면벽 좌선 9년간의 고행 끝에 득도해 중국 선종의 시조가 된 사찰로 널리 알려져 있다. 소림사 현판은 강희제의 글씨.

496년에 달마대사가 세운 선불교 본산 소림사 입설정(立雪亭)은 달마대사가 거처하던 곳. 단비구법입설인(斷臂求法立雪人-팔을 잘라 진리 구하려 눈 속에 서 있는 사람). 혜가가 달마를 찾아가 눈 속에 서서 기다리며 제자로 삼아줄 것을 청하자 붉은 눈이 내리면 허락하겠노라 하니 한쪽 팔을 잘라 뜰의 눈을 붉게 물들이고 그의 제자가 되었다고 하는 곳이다. 혜가가 상처를 치료하고 연마하던 연마대가 그를 모신 2조암 근처에 있다.

소림사 스님들이 오른손 만을 사용하여 인사하는 것이나 붉은 가사 한 쪽을 걸치는 복장도 여기에서 비롯되었다고 한다. 서방성인전의 서방성인은 인도에서 온 달마를 의미한다. 달마는 면벽 수행 과정에 맹수와 화적에 대처하기 위해 호신술을 익혔고 지금도 매년 9월에 소림 무술제가 열리고 있다.

숭산(崇山)케이블카 타거나 소림(少林)케이블카를 타면 혜가가 치료하던 연마대와 달마가 수행하던 달마동에 오를수 있다.

소림사는 낙양과 정주 사이에 있어 어느쪽에서 가든 버스로
1시간 4십여분 걸리고 정주에서는 30위안, 낙양에서는 40위안 받는다.

소림사 정문

천하제일 명찰이고 9년 면벽의 문을 연 선조(禪祖)라 적혀 있다.

소림사 조사전(祖師殿)

고목들이 옛 모습을 지키고 서 있다.

소림사 조사전(祖師殿) 불상

대웅전 앞 수령 1,500년 은행나무. 전면 아래에 수령 표지석이 놓여 있다.

기원 536년 달마(達磨)가 석굴에서 좌선입정 요지부동하는 모습을 보고 혜가(慧可)가 법을 구하고자 청하나 하늘에서 붉은 눈이 내리면 받아 들이겠다고 한다. 이 말을 들은 혜가는 단칼에 어깨를 잘라 피로 백설을 붉게 만들고는 문하에 들어가 2조(二祖)가 되었다는 고사를 적고 있다.

봉황대

이조암 인근 봉황의 머리를 닮았다는 봉황대에 수많은 부적이 달려 있다. 스님들이 상주하며 약을 처방해 주기도 한다.

17 심양(沈陽)에서 만난 우리역사

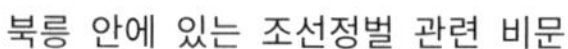
북릉 안에 있는 조선정벌 관련 비문

선양(沈陽)은 우리와 인연이 많은 도시로 일본강점기까지는 봉천(奉天)으로 불렸다. 나의 부산시 선배 공무원의 본적이 봉천으로 되어 있는 것을 보고 놀란 적도 있다. 그래서 고구려 역사도 살필 겸 심양 사범대에 여름학기 중국어 연수 과정에 등록해 공부했다.

먼저 병자호란을 일으킨 홍 타이지 묘, 북릉을 찾아갔다. 아니나 다를까 조선으로 쳐들어가 훈육(?) 시키고 세자를 인질로 끌고 온 사실을 자랑스럽게 기록해 놓고 있었다. 증산공원 어린이 체육장은 삼학사 처형장소.

다음으로 소현세자가 7년간 억류되었던 어린이 도서관 주변을 찾아가 찬찬히 둘러보았다. 남호공원(南湖公園) 호변을 거닐어 보며 고뇌했을 세자를 떠올리니 가슴이 아렸다. 수양버들 고목은 그날들을 기억하고 있으리라.

그런데 중국신문의 기고자 글에 의하면 억류지가 도서관 자리가 아니라 만주철도 숙사 더셩먼(德勝門), 추이셩(翠生)아파트 단지 부근이었다고 한다.

낙양 2019.08.12

심양 소릉(昭陵) 정홍문. 통상 북릉으로 불리고 있다.

며칠을 살피다가 귀국할 수밖에 없어서 아쉬웠다.
[출처 2017.4.21. 澎湃新聞 作家 蘇勃。]

조선인 노예시장은 지금의 남탑 공원에 있었다. 이곳은 노예로 끌려온 친지를 데려가기 위한 은밀한 거래가 많아 거래가가 폭등하기도 한 아픈 역사를 지니고 있는 곳이기도 하다.

열하일기에 연암 박지원 선생은 이곳 예속재란 골동품 가게에 들러 보기도 하고 가상루란 비단 집에도 들러 보며 필담으로 밤을 새웠다고 썼다. 벽돌 만들어 집 짓고, 수레로 물건 나르고, 소똥 말려 연료로 쓰는 모습에서 많은 생각을 한다. 중국의 사농공상 신분사회의 실상도 알아 비교해 보기도 하고 가짜 골동품 만드는 법까지 소개받는다. 특이한 것은 소현세자 관련 기록은 남기지 않았다는 점이다.

랴오닝성 박물관을 방문하지 않을수 없었다.
이곳에서 중국 시각에서 본 고구려 와 우리 선대 역사의 흐름을 알아볼 수 있을 것 같았기 때문이었다.

심양 북릉에 있는 홍 타이지 묘. 봉분에 풀이 없다.

심양 남탑. 이곳 인근 남탑공원에 병자호란 때 끌려온 조선인들의 노예시장이 있었다.

노예시장이 있었던 심양 남탑공원

병자호란후 최명길이 명군 지휘부에 보낸 자문(咨文)에서 50만이라 주장할 만큼 많았다. 노동력으로 이용하다가 돈을 받고 판매하는 무역상품으로 취급되기도 했다.

열하일기에도 소개되어 있는 70m 높이의 요양 백탑

랴오닝성 박물관　중국의 한국 역사관을 알아 볼 수 있는 곳으로 고구려는 기원전 37년 오녀산성에서 건국하고 서기 3년에 집안 국내성으로 환도 했으며, 427년에 평양으로 천도한 후 668년에 당나라가 요동으로 수복하였다고 기술하고 있다.

고구려성 분포도를 열거하고, 고구려는 오녀산성에서 개국했다고 적고 있다.

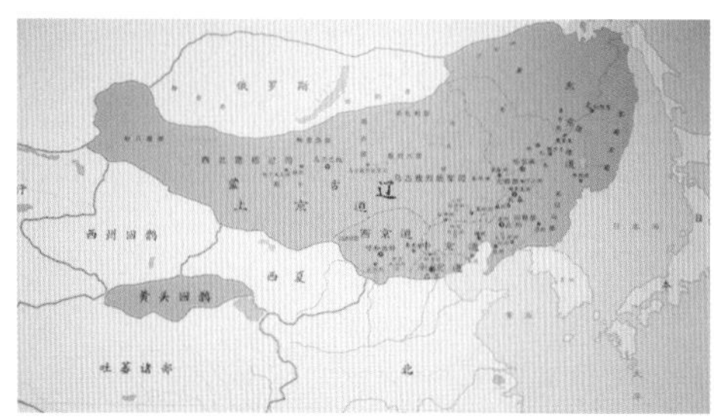

고려 개국시기와 맞물리는 요/금 왕조에도 한반도 북쪽은 중국 영토로 표시하고 있다.

북경으로 천도 하기 전 청나라의 심양 고궁

심양 서탑 거리에 있는 평양관과 모란관

18 고구려 수도 국내성 집안(集安)

국내성 전경 광활한 지역에 수많은 무덤과 유적들이 널려 있다. 집안(集安) 시역에는 아직도 유물을 건축 자재로 쓴 건물을 곳곳에서 만날 수 있었다. 국내성은 둘레 길이가 2,741m인데, 2004년 7월 세계문화유산에 등재되었다.

9시 반에 출발하는 집안(集安)행 버스를 타기 위해 선양(沈陽)시외버스터미널(快速汽車客運站)로 갔다. 8시 반에 도착해 표를 구매할 때만 해도 좌석이 텅 비어 있었다. 정시에 차에 오르니 만차다. 5시간 반 가는데 요금은 103위안. 잘 닦인 도로에 차는 드문드문하다. 우리나라 경북내륙, 강원도 가는 듯 사방 산지에 중간중간 옥수수밭이 보이고 간간이 논이 있는데 논에는 허수아비도 보여 친근감이 든다.

차 안에서 만난 사교적인 중국인 덕에 환도산성, 장군총, 광개토왕비를 모두 순회하기로 하고 160위안에 집안(集安)에서 운영되는 택시를 예약했다. 잘 가던 버스가 칭허(淸河)에서 고장 났다 한다. 죄송하다, 언제까지 기다려 달라는 안내가 없다. 하염없이 기다릴 수 없어 버스에서 내려 80위안에 택시를 대절해 집안(集安)으로 갔다. 아무도 불평하지 않는 걸 보니 이런 일이 다반사인 모양.

장수왕릉에 참배할 무렵 거짓말같이 장대비가 그쳤다. 구릉 같은 거대한 광개토대왕릉의 웅좌를 마주하며 감개무량했다. 광개토왕 같은 분이 계셔서 당당할 수 있음에 감읍했다. 아—세계사에 부끄럼 없는 역사 다시 이루어지리라! 단숨에 봉분 위로

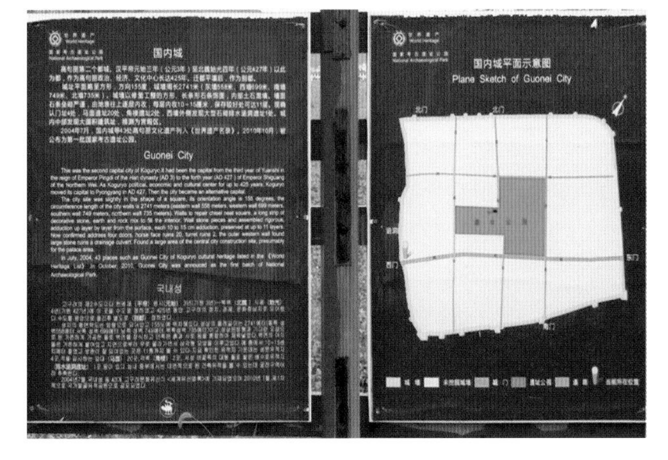

국내성 안내
표지판

고구려 두 번째 수도로 한평재(漢平帝,箕子)3년인 기원 3년부터 북위(北魏) 시광(始光) 4년 기원 427년까지 활동하다가 평양으로 수도를 옮겼다고 기록하고 있다. 국내성은 둘레 길이가 2,741m인데, 2004년 7월 세계문화유산에 등재되었다.

낙양

광개토대왕릉은 구릉같이 거대했다.

오른쪽 능 경계석 옆에 선 푸른색 상의의 필자를 보면 왕릉의 크기가 가늠된다.

광개토왕릉

올랐다. 관광객이 뜸해서 그런지 석곽 입구에 관리사의 의자는 있는데 지키는 이가 없다. 석실 안까지 감히 들어가 보는 행운을 누렸다. 국내성 성터도 둘러보았다.

숙소로 돌아왔으나 왠지 아쉬웠다. 야간에 불 꺼진 북한땅을 바라보며 압록강 변을 산책하고 압록강 수면과 맞닿은 목판 위를 걸었다. 세차게 흐르는 압록강 강물 위를 걸었던 아찔한 감회는 영원히 잊지 못할 것이다.

시간 쪼개어 집안박물관(集安博物館) 소장 고구려 유물을 관람했으나 촬영은 물론 우리끼리 대화도 못하게 했다. 자기들 역사라 여기는 중국인들의 견제가 극심했다.

고구려 19대 왕 <국강상광개토경평안호태왕>의 비
해동제일의 고비(古碑)로 414년에 아들 20대 왕 장수왕이 세웠다. 높이 6.39m 너비 1.34~2m의 크기에 고구려 건국 신화, 호태왕의 공적 등이 기록된 가장 유구하고 문자 기록이 많은 고고학 자료다. 총 1775자가 새겨져 있는데 그 중 확인된 한자가 1,590여 자이다.

광개토왕비 탁본 콜레주 드 프랑스 아시아학회 도서관이 소장한 1910년대 광개토왕비 탁본. 지금의 비석은 마모가 심하여 안타깝다.

석실 입구에 선 필자. 감개무량했다.

운 좋게 석실 내부까지 들여다 볼 수 있었다.

고구려 20대 장수왕릉

412년에 즉위하여 491년 12월에 평양성에서 97세에 사망할 때까지 79년 2개월을 재위한다. 북위에서 강(康)이란 시호를 주기도 했다고 적고 있다.

낙양

집안(集安) 박물관

고구려 유물이 가장 많은 박물관으로 한국인이 입장하니 경비원이 따라붙고 사진 촬영은 물론 대화도 하지 못하게 막았다. 소지품도 맡겨야 했다.

고구려는 혼강(渾江) 유역과 압록강 중류 지역에 있었던 고대 민족이고, 한 무제 때 고구려 현을 설치하고 동북 4군의 하나인 현도군 관할이었다고 박물관 입구에 전언(前言)으로 붙여 놓았다.

부슬비 내리는 압록강 강변에 서서 만감에 젖었다. 뒤에 보이는 산천은 북한 땅. 강폭은 3십 미터 미만. 하폭이 좁아서 유속은 무척 빨랐다. 고구려 수도 국내성 땅을 밟고 서 있다.

교토

19 광륭사, 대언천, 진하승

일본 천 년 수도 교토에 남겨진 한반도 도래인의 흔적을 알고 싶었다. 어렵게 역사, 불교, 일본어 전문가와 네 사람의 도반을 만들어 교학 상장(敎學相長)하며 하루 평균 2만 5천 보를 걸었다.

지금의 교토인 헤이안으로 천도 결정한 인물은 간무 천황이었는데 2001년 12월 아키히토 천황이 68회 생일잔치에서 " 저는 간무 천황의 생모가 백제 무령왕의 자손이라고 속일본기(續日本記)에 기록돼 있는 사실에 깊은 인연을 느낀다 " 고 발언한 바 있다.

특히 고류지(廣隆寺)는 우리 국보 83호 금동미륵보살반가사유상과 똑같은 일본국보 1호 목조 미륵반가사유상이 있는 사찰이다. 쇼토쿠(聖德) 태자(574~622) 에 의해 신라계 도래인 하타(秦) 성을 가진 진하승(秦河勝)이 세운 절이다. 일본서기에 623년 7월에 신라에서 불상을 가져왔고 이를 가도노(葛野) 진자에 모셨다고 기록되어 있는데 지금의 고류지(廣隆寺)로 추정하고 있다.

신영보전(新靈寶殿)에 모셔진 일본 국보 1호 목조 미륵보살반가사유상은 열반한 붓다를 묘사하듯 인간이 가질 수 있는 영원한 평화의 이상을 최고도로 표현하고 있다고 예찬받고 있다.

일본에서는 나지 않는 적송(赤松)으로 제작된 점도 신라계 도래인 설을 뒷받침하고 있으나 일본인들은 하타(秦)씨를 진시황의 3세손 효무왕의 후예라고 한다. 진시황은 죽은 지 700년이나 지났고 진시황의 성은 진씨가 아니라 영(瀛) 씨인데도. 광룡사 중건비에는 진하승이 창건했다는 바로 윗부분은 도려내어 져 있기도 하다.

대웅전에 해당하는 조구오인(上宮王院)에는 쇼토쿠 태자(573-621)의 목조 조각상이 안치되어 있다.

교또 시민이 가장 많이 찾는다는 아라시야마 도게츠교(渡月橋) 위 하타씨가 제방을 쌓고 관개사업한 대언천(大堰川 오이 가와) 천변을 천천히 걸어보았다. 인근에 있는 하타씨 연고의 마쓰오 신사도 일부러 걸어서 찾아가 참배했다.

교토 2013.11.8

대웅전에 해당하는 조구오인(上宮王院). 쇼토쿠 태자(573-621) 목조 조각상이 안치되어 있다.

미륵보살반가사유상이 모셔진 신영보전 가는 길에 있는 작은 신사.

신영보전 반가사유상은 너무 멀리 떨어져 있는데다 조명마저 기대에 미치지 못했다. 용학스님 허락받아 수암란야 사진을 썼다.

1970년에 세워진 광륭사 중건비

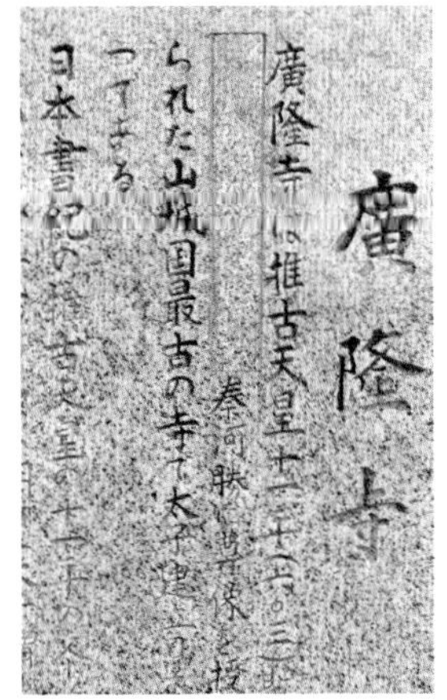

사찰 안내 비석에 고류지(廣隆寺)는 603년에 진하승(秦河勝)이 건립했다고 새겼으나, 진하승이 신라에서 도래했다고 쓰여있어야 할 윗부분이 도려내어져 있다.

신영보전 미륵반가사유상

각진 틀을 깨고
세상밖으로 나오시는
님의 미소.
무엇이 있어
이토록 아름다운가.
우러러 바라보며
당신께 위로받습니다.
님이 내 안에 머물러
더 따스하게 열리는 마음
그 마음으로
오늘도 산문을 나섭니다.

원 영 스님 글

ボートのりば

대언천(大堰川) 제방

아라시야마 산 아래 가쓰라 강이 흐르고 교토 시민이 즐겨 찾는 도월교 위에 하타씨가 쌓은 대언천 제방이 있다. 관개농업을 위해서였다. 인근에 직물 양잠 조신(祖神)을 모신 누에 신사도 있다. 하타씨가 쇼토쿠 태자의 신임으로 교토의 근간을 만들었다.

누에 신사

701년 진도리(秦都利, 하타노도리)가 세운 마쓰오 신사(松尾大社)

마쓰오 신사　　진하승의 후손 진도리가 세운 마쓰오 신사는 양조의 조신(祖神)을 모신 신사로 전국에 있는 1,000여 개 마쓰오 신사의 총본사이다.

마쓰오 신사에 있는 상생의 소나무에 교토에 와서 처음으로 복전 넣고 기도했다.

교토부에는 사찰이 3,030곳, 신사가 1,770곳 등 사사(寺社)가 5천 곳이 넘는다고 한다. 교토 880개 절 중 숙소 가는 길에 있는 작은 절. 이렇게 작은 절들이 수없이 많다.

20 청수사, 법관사, 용안사, 금각사, 천룡사

기요미즈데라(清水寺)는 778년 백제계 도래인의 후손인 사카노우에노 다무라마로(坂上田村麻呂)에 의해 창건되었다. 그간 소실과 파괴, 복원을 거듭하여 지금의 모습은 1633년에 재건된 것이다. 십일면 천수관음상 모신 본당은 가파른 절벽 위에 세운 4층 건물로 수령 4백 년이 넘는 느티나무 18개를 기둥으로 하여 못을 사용하지 않고 이음새를 연결한 가케즈쿠리 기법으로 건축했다.
본당 지붕은 히노키 노송나무 껍질을 붙여 만들었는데 1,500그루 단풍나무와 어울려 절경이다.
비 오는 이른 아침에 오르니 청신하기까지 하다.

호칸지(法觀寺)는 678년에 건립된 교토의 랜드마크의 하나인 46m 목탑이 아름답다. 고구려인들이 그들의 조상을 받드는 씨사(氏社)로 만들었으며 쇼토쿠태자(聖德太子)가 여의룬 꿈을 꾸고 건립했다고 적고 있다.

료안지(龍安寺) 방장 앞뜰의 가로 25m 세로 10m의 가레 산스이(枯山水) 정원은 영국의 엘리자베스 여왕도 방문한 곳. ' 인간은 모든 것을 가질 수 없다 ' 는 의미를 담고 있다고 한다. 돌과 자갈로만 이루어진 이 정원은 딱딱한 분위기를 만들 수 있지만, 정원을 둘러싼 너와 지붕과 흙벽이 편안함을 만들어 주고 있다. 유채를 섞어 만든 이 토담은 세월이 지남에 따라 유채기름이 배어 나와 자연과 시간의 흐름을 느끼게 해주는 중요한 역할을 해주고 있다. 선(禪)의 경지, 깨달음의 경지, 본질을 있는 그대로 볼 수 있는 경지로 이끌고 있다고 말한다. 북정(北庭)에 있는 쓰쿠바이 세수대에 새겨진 오유지족(吾唯知足)이란 글자가 오직 만족함을 알아야 한다고 경고하는듯하다. 쿄요치(鏡容池) 산책길도 넋을 놓을 만큼 아름답다.

무쏘 소세키가 만든 덴류지(天龍寺) 정원은 일본 최초의 사적이며 특별명승지로 1994년에 세계문화유산이 된 곳. 쇼겐지(曹源池) 못 정원은 어느 각도에서 봐도 절경인데 산책로는 산으로 이어져 교토 시내까지 조망하게 한다. 법당 천정에 그려진 운룡도(雲龍圖)도 역작이다.

긴가쿠지(金閣寺)의 1층은 후지와라기, 2층은 가마쿠라기, 3층은 당나라 양식인데 2,3층은 금박을 입혀 경호지에 비친 모습은 화려하기 그지없다. 로마의 번영은 끊임없이 다른 문명을 수용 발전 시켰기 때문이란 말이 떠오른다. 로마와 일본이 닮았다.

교토 2013.11.9

기요미즈데라(淸水寺)

과감한 결단을 두고, '기요미즈(청수)의 무대에서 뛰어내릴 셈 치고'라는 말이 생긴 청수의 무대는, 나무기둥이 겹겹이 수직으로 높게 뻗어 있어 감동적이다. 못을 사용치 않은 건축물이다.

청수사 이름의 유래가 된 오토와 폭포
세 갈래로 흐르는 물줄기 중 두 갈래 만 마셔야지 세 줄기 다 마시면 복이 감해진다는 속설이 있다.

료안지(龍安寺) 선(禪)의 석정(石庭) 정원을 둘러싼 너와 지붕의 흙벽이 돌과 자갈로 이루어진 정원의 딱딱함을 편안하게 만든다. 토담에 유채 기름이 배어 나와 시간의 흐름을 느끼게 해준다.

료안지 쓰쿠바이(다실 입구 손 씻는 물그릇)에 있는 오유지족(吾唯知足). 오직 만족함을 알아야 한다는 선의 정신을 나타낸다.

교토

성속이 어우러진 기온거리

유곽 거리 안자락에 선종 본사 건인사가 있다. 한 달간 지속하는 기온마쓰리는 세계문화유산이다.

1천개의 도리이가 금적색 향연을 펴는 센본토리이는 환상적이다. 상업 번영을 기원하며 설치하기 시작했다.

후시미 이나리 대사는 전국 4만 2천 이나리 신사의 총본산이다. 하타씨의 후손 진이려구(秦伊呂具 하타노이로구)가 창건했으며, 벼(稻 이나)가 나왔다고 해서 이름지었다고 한다.

덴류지(天龍寺) 쇼겐지(曹源池) 정원 연못 곳곳에 크고 작은 자연석을 적절히 심어 어느 각도에서 보아도 절경인 명승이다.

덴류지 법당 대형 용그림 그릴 때 사용했다는 높이 2.5m의 벼루.

킨카쿠지(金閣寺)

무로마찌 시대 3대 쇼군 요시쓰미가 기타야마(北山)에 금각을 지어 연회를 열던 자리에 세운 킨카쿠지(金閣寺). 1950년에 소실된 후 복원되었으며 세계문화 유산이다.

21 건인사, 고산사와 차(茶), 동복사

겐닌지(建仁寺)는 1202년에 창건한 교토에서 가장 오래된 선사(禪寺). 에이사이(榮西) 스님이 송나라에서 차를 처음 가져왔다는 비문이 있다.

교토 2013.11.10

1202년에 창건된 겐닌지(建仁寺)는 교토에서 가장 오래된 선사(禪寺)로 돌이나 모래를 이용한 두 개의 가레 산스이 정원이 있는 도심 속의 고요한 오아시스 같은 사찰이다. 바람의 신, 천둥의 신 병풍이 가장 대표적인 소장 예술품인데 겐닌지를 창건한 사람은 일본에 참선을 중시하는 선불교를 처음 소개한 승려 에이사이(榮西)이다.

선불교는 다도를 스며들게 하여 경내에는 에이사이가 중국 송나라에서 처음으로 씨앗을 가져와 심었다는 차 나무가 자라고 있다. 매년 6월에 다도의 우라사케류 당주가 차 한잔을 조각상 앞에 올려 에이사이에게 존경을 표한다. 가레 산스이는 원, 사각형, 삼각형 수묵화에 기초하여 우주의 개념을 형상화한 것이다. 차실 토우요우보우(東陽坊)와 켄닌지가키(建仁寺墻), 다이매다다미(台目疊)를 주목해야 한다. 고려 팔만대장경이 두 가지 장정 형태로 남아 있는 사찰이기도 하다.

일본에서 가장 오래된 다원 고산지(高山寺)를 개산한 사람은 1206년 가마쿠라시대 묘에(明惠) 스님이다. 송나라 고승전에 나오는 원효와 의상의 일대기가 전해져 묘에의 제자이자 화승(畵僧)인 조닌(成忍)이 그린 그림이 소장되어 있다. 당나라 유학길에 원효가 동굴에서 깨달은 이야기와 당나라에서 유학하던 의상에 반한 선묘 낭자가 귀국길에 오른 의상이 탄 배를 수호하기 위해 배를 향해 몸을 날려 용이 되는 모습을 세밀하게 그렸다.

도후쿠지(東福寺)는 송나라 금산사에 유학했던 엔에(円爾) 스님이 초대 주지였고 송나라에서 전해진 단풍나무가 심어져 있다. 1976년 10월 신안 앞바다에서 발견된 난파선에서 일본식 이름과 함께 두 개의 목패가 발견되어 동복사로 향하던 배였다는 주장이 제기되기도 했다. 방장 정원은 동서남북 사방을 다른 형태의 정원으로 조성한 시게모리 미래이(重森三玲)의 명작이다.

건인사 내정(乃庭) 땅, 물, 불을 상징한다. 동그라미 언덕, 삼각형 동백나무, 사각의 우물이 있는 작은 정원이 울림을 준다.

건인사 법당
천장 쌍룡도

동복사 정문 산몬{三門}

교토 선종사찰 산몬 가운데 가장 오래된 건물로 조선통신사들도 이곳에 올라본 소감을 "해사록"에 남기기도 했다. 신안 앞바다 해저 유물에 동복사 목패가 발견되기도 했다.

동복사 회랑
단풍이 유명하나 시기가 일러 아쉬웠다.

도후꾸지(東福寺) 방장 정원

시게모리 미래이가 꾸민 20세기 최고의 명작으로 알려져 있다.

나라의 동대사와 흥복사에 대적할 사찰을 짓고 동자와 복자를 따와 이름 한 동복사의 북쪽 정원

석가모니 생애에 일어난 8가지 중요 사건인 팔상성도에 따라 명명한 8상 정원 중 서쪽 정원

기둥과 주춧돌을 이용한 동쪽 북두칠성 정원

봉래, 방장, 영주의 삼신산 등 4선도(四仙島)를 거석으로 표현한 남쪽 정원

22 상국사, 윤동주 시비, 동사, 인화사

중국 카이펑(開封)에 있는 대상국사는 중국 10대 명찰 중의 하나로 555년에 창건한 북송 황실의 사원이며 중원의 제1전이다. 대문호 소동파와 정적 왕안석의 방문 고사도 남겨져 있어 시간 내어 찾아가 국화차까지 즐겼던 사찰이다.

교또 쇼코구지(相國寺)는 개봉에 있는 대상국사를 따서 상국사란 이름을 붙였고 벽에는 대상국사에서 보내온 벽화가 걸려있다. 1382년에 창건한 쇼코쿠지는 교토 임제종 5산 중 2위로 꼽히는 사찰로 전통적 선종 방식의 정원이 유명하다.

조선통신사가 오면 상국사 스님들이 안내와 통역을 위해 차출되었기 때문에 상국사 지쇼인(慈照院)에는 세계문화유산인 조선통신사 관련 자료가 소장되어 있기도 하다.

인근 도시샤(同志社)대학 이마데가와(今出川) 교정에는 돌비석이 된 윤동주의 시비가 있다. 이 학교에 유학 온 지 6달 만인 1943년 7월 14일에 한글로 시를 쓰고 있다는 이유로 독립운동 혐의를 받아 옥중에서 죽임을 당한다. 그의 첫 시집 유고를

교토　　　　　　2013.11.11

카이펑(開封) 대상국사에 있는 교토 상국사와의 우호 기념비

일본 상국사에 걸린 중국 대상국사 스님 그림

목숨처럼 아낀 친구 정병욱이 고향에 계신 어머니에게 맡겨 독에 숨겨져 있다가 해방 후 <하늘과 바람과 별과 시>란 이름으로 펴내게 된다. 가슴이 먹먹해진다. " 향수 " 시인 정지용의 시비도 있다.

토지(東寺)는 교토로 천도한 직후인 796년에 세워졌고 823년부터 공해 스님에 의해 진언종 밀교 사찰이 되었다. 일본에서 가장 높은 오중탑이 자랑이며 고려 때 작성된 사경 법화 탑이 소장되어 있기도 하다.

닌나지(仁和寺)는 황족이나 귀족의 자제가 주지를 맞는 몬제키(門跡) 사원이다. 우다 천황이 출가해 첫 문적이 되었다. 교토에 있는 17개 세계문화유산 사찰중 하나이다.

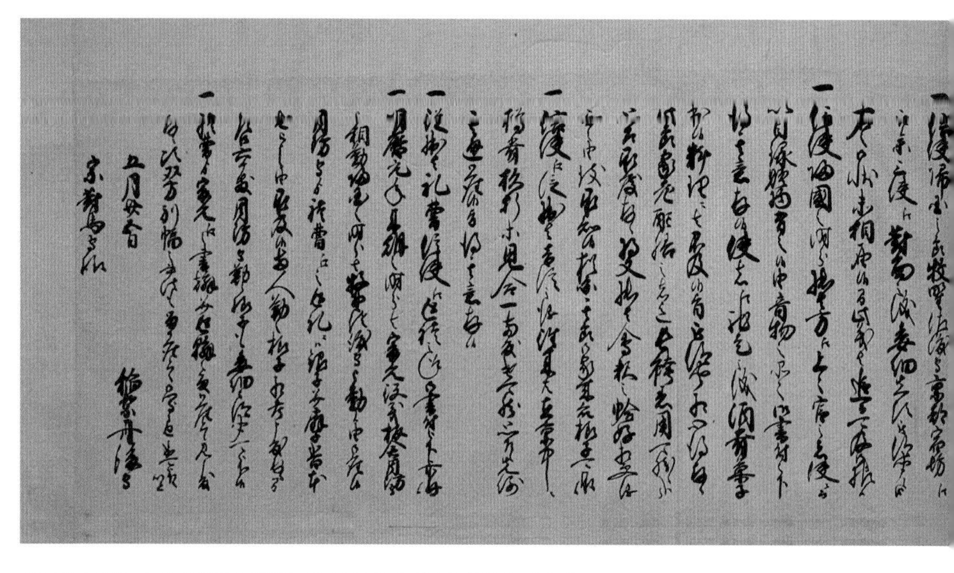

1682년 교또의 쇼시다이(所司代)가 대마번주에게 임술통신사의 왕환시
각 지역의 다이묘(大名) 및 교또 접대에 관해 문의한 서장(464*38㎝).

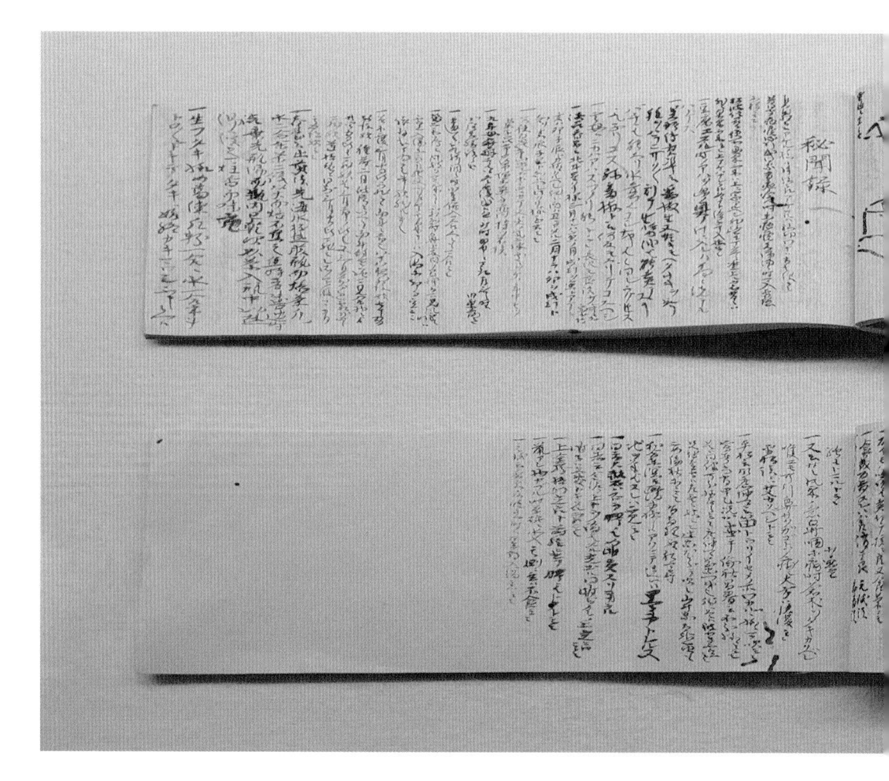

상국사 자조원에 보존되어 있는 조선통신사 관련 기록물
이곳 스님들이 통신사의 안내와 통역을 위해 에도막부에 차출되었기 때문이었다.

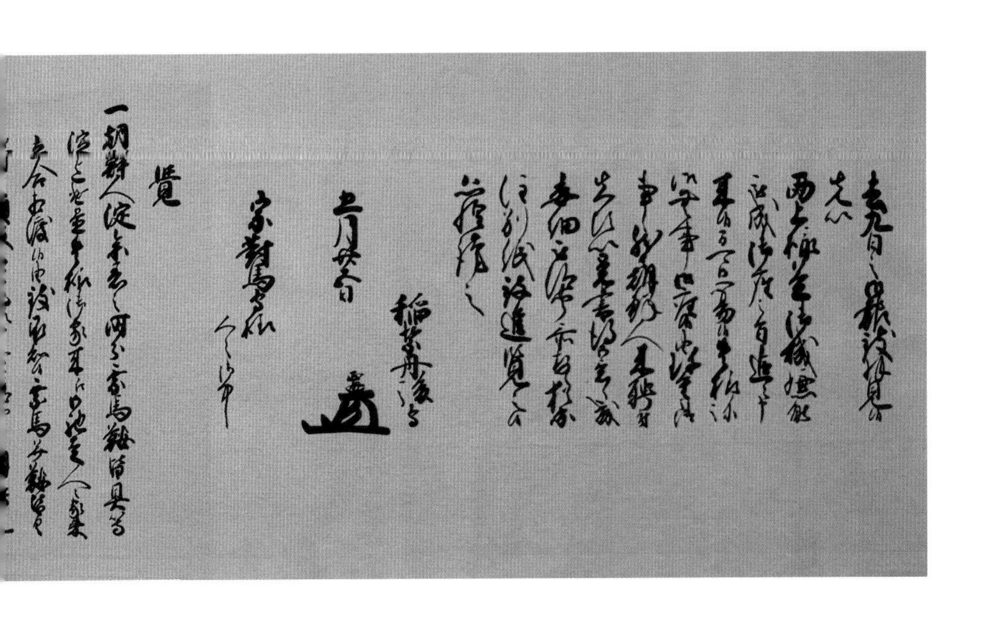

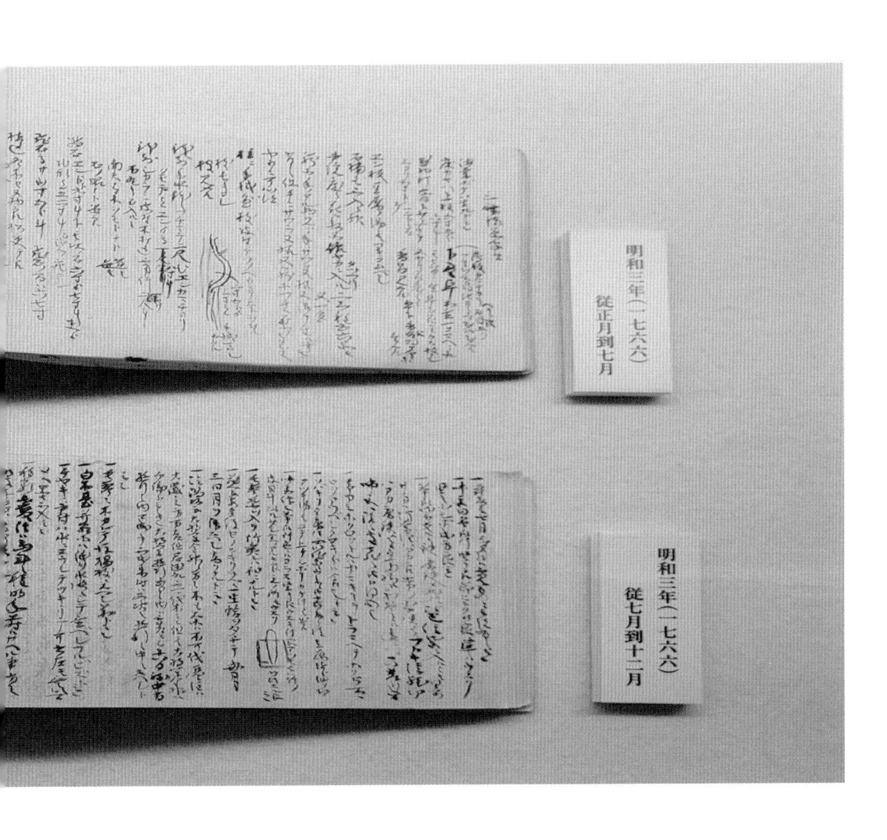
明和三年(一七六六)
従正月到七月
明和三年(一七六六)
従七月到十二月

상국사 인근 도시샤 대학에 윤동주 시비가 있다.

도요쿠니신사(豊國神社)인근에 조선인의 한이 서린 귀 무덤이 있다. 조선통신사가 오면 꼭 보였단다.

교토의 상징 토지(東寺)의 오중탑

닌나지(仁和寺) 정문에 있는 사천왕상

몬제키 사원 닌나지(仁和寺,888년) 본당 관세음보살상

왼편 앉은뱅이 소나무 3가지는 오른쪽 나무 가지 하나가 만든 작품이다.

닌나지(仁和寺) 앞뜰에 있는 소나무 정원

아랫 가지 하나를 길게 길러내어 정원을 만들고 있다.

교토 2013.11.11

23 은각사, 남선사, 무린암

은각사의 정식 명칭은 지쇼지(慈照寺), 흰 모래와 이끼가 조화를 이룬 정원과 수수하고 단정한 분위가 만들어 내는 아름다움이 있는 곳. 화려한 금각사보다 더 깊이가 느껴진다.

아미타여래를 모신 도구도(東求堂) 내 도진사이(同仁齋)는 소담한 책장과 선반이 어우러진 쇼인즈쿠리(書院 造) 건축양식의 대표. 다다미 4장 반 짜리 다실은 꾸미지 않고 고즈넉한 미를 뜻하는 <와비>와 오래된 모습이야말로 의미 있다는 <사비>의 멋을 잘 나타내고 있다. 백제의 검이불누(儉而不陋) 정신을 보는듯하다.

흰모래를 굳혀서 만든 긴샤단(銀沙灘)과 모래를 쌓아 만든 후지 산 형태의 고게쓰다이(向月臺)가 인상적이며 입구로 나오면 철학의 사색길이 이어진다.

무위인 듯 인위적인 무리안(無隣庵)은 근대 정원 법식인 지센카이유(池泉回遊)식 정원을 가지고 있다. 물을 가둔 못이 하나 있고 그 못 중심으로 다리를 놓고 주변에 산책로와 숲을 만들어 멀찌감치 있는 작은 초막 같은 집에서 정원을 바라보며 즐기게 한 정원이다.

무리안의 문은 모두 고개를 숙이고 들어가야 할 만큼 낮다. 들어가면 집이 풀과 나무로 반쯤 잠겨있다. 다다미가 깔린 방에 들어가면 다다미 선에 무릎을 꿇고 정원과 눈높이를 맞추게 한다. 정원 동쪽 끝에 삼단폭포를 꾸며 놓아 멀리 보이는 히가시야마(東山) 산에서 흘러내린 물이 집까지 흘러들어오는 것 같다.

이곳 양관(洋館)에서 1903년 4월 21일 이토 히로부미 등이 모여 일본의 한반도 점유를 위한 모의를 하고 이듬해 2월에 러일 전쟁을 일으켰다.

난젠지(南禪寺)는 일본 왕실에서 세운 선종 사찰로 정문인 산몬(三門:3해탈문)에 오르면 교토 시내를 조망할 수 있다. 비와호에서 끌어들인 로마식 수로각은 이질적이나 지금은 방문객들이 즐겨 찾는 명소가 되었다.

금경지에 비친 은각
1층은 서원이고 2층은 관세음보살상을 모셨다.

은각사의 정원　　은각사의 정원은 흰 모래로 만든 바다 긴샤단(銀沙灘)과 후지 산 형태의 모래 더미 고게쓰다이(向月臺)로 이루어져 있고 검박하여 <와비>와 <사비>를 느낄 수 있다.

은각사
도구도(東求堂)

남선사 핫토우(法堂)

왕실 선종사찰 남선사 핫토우(法堂)

비와호에서 남선사 수로각으로 끌어들인 물길. 수로각 위에 있다.

남선사의 로마식 수로각

무린암 입구　　예약된 관람객만 입장시킨다.

무린암의 지센카이유식 정원　　담장이 대로변에 있으나 히가시야마(東山)를 차경하여 도심에 있음을 느낄 수 없다.

잔디를 키우지 않고 이끼 기른곳이 많다.

남선사 정문 격인 산몬(三門) 위에서 내려다본 모습. 산몬 높이를 가늠할 수 있다.
삼문은 삼해탈문(三 解脫門)의 준말. 일체 만상이 공이라는 공(空)해탈, 모든 존재에 특정한 형상이 없음을 깨닫는 무상(無相)해탈, 세상에 원할 것이 없어지게 되는 무원(無願)해탈을 말한다.

24 평등원, 우지강, 우지차(茶)

평등원

극락세계를 이 땅에 구현한다는 구상으로 만든 평등원.
어딘가 불국사를 닮은듯하다. 동종도 그랬다. 평등원 봉황당은 일본 10엔짜리 동전에도 새겨져 있다.

교토 2013.11.12

우지가와(宇治川) 강변길은 절경이었다. 스멀스멀 단풍 들어가는 강가에 카누 경기가 열리고 간간이 낚시꾼들이 멋 부리며 흘러가는 강물을 환송하고 있었다. 산들도 내려와 철 이른 단풍과 함께 강물 위에 드리워져 사진 담을 곳이 너무나 많다.

후지와라노 요리미치(992-1074)의 별장을 고쳐 아미타 당을 지은 뵤도인(平等院)은 극락세계를 이 땅에 구현한다는 엄청난 구상으로 설계한 건축, 조각, 회화 모두 당대의 명작이다. 건물의 용마루는 양 끝에 한 쌍의 봉황이 날갯짓하며 날아 갈듯한 모습을 하고 있다.

평등원 연못은 자연스러운 곡선이 넓게 퍼져 있고 범어의 아자(阿字)와 비슷하여 아자 못 이라 한다. 구품연지를 상징하여 인간이 극락으로 왕생할 때 연꽃으로 변하여 극락의 연못에서 아미타여래의 마중을 받는다는 구상이다.

연화대좌 위의 아미타 여래상의 모습은 너무도 인간적으로 조각하여 일본 미술사가들은 우아전려(優雅典麗)하다고 표현한다. 아름답고 화려한 불꽃무늬 광배 위로는 훨씬 더 화려한 닷 집이 금빛 찬란하게 빛나고 있다. 엄청나게 섬세한 투조(透彫) 세공은 금속이 아니라 나무를 깎은 것이란다. 불상은 여러 목재를 결합하는 요세기즈쿠리(寄木造) 기법을 썼다. 건물 외양은 어딘가 불국사 모습인듯하고 동종은 우리 동종과 닮아 친숙하다.

고산지(高山寺) 묘에(明惠) 스님으로부터 전래된 우지차(茶)는 일본 차인들의 자랑이다. 우지 차인들은 매년 고산지에서 헌다 행사를 연다. 우지(宇治)에는 500년 전통 찻집을 비롯해 찻집들이 즐비하다. <와비>, <사비>를 느낄 수 있는 이곳에서 일본 말차를 즐기지 않을 수 없다. 그런데 이러한 전통 차 본고장에도 스타벅스가 들어와 있었다.

와비는 단순함, 투박함, 소박함을 뜻하고, 사비는 쓸쓸함, 고요함, 적막함을 뜻하는데 다도에서 와비사비라 함은 완벽하지 않고 불안전한 것에서 느껴지는 아름다움을 말한단다.

용마루 양 끝에 봉황이 날갯짓하고 있다.

우지 평등원 입구 세계문화유산 표지판. 이곳부터 녹차 관련 노포들이 즐비하다.

우지 말차와 화로

우지가와 강변 가을 풍경은 평등원 관람을 뒷전으로 내몰 만큼 상류로 올라갈수록 아름다웠다.

우지강변 찻집들

차의 본고장에 들어앉은 스타벅스. 커피집도 <와비>, <사비>하다.

광륭사의 연리근, 마쓰오 신사의 상생의 소나무

相生の松
あいおい
恋愛成就
夫婦和合
この古木はもと雌雄根を同じくし相生の松
として三五〇年の樹齢を保ち、去る昭和31・32
の両年それぞれ天寿を全うした世に比類な
き名松の大株である。昭和47年4月当代天声
設けてこれを保存せらるるに至った。
爾来人々は霊徳にあやかりたいと本霊松
を夫婦和合恋愛成就の象徴として厚く信仰
し今日に及んでいる。

태평무 이수자 김혜경 선생

* 록명헌 태평무 알림마당

록명헌은 부산역과 크루즈터미널 사이에 있어 오가는 사람들에게 쉽게 눈에 띈다. 앞마당이 있어 북항에 달이 뜨면 더욱 좋다. 보름에 소원하면 마음에 가지고 있던 뱀도 내보낼 수 있다 했지 않던가. 오페라 하우스가 만들어지고 있는 이곳에 우리 문화를 이어가는 일도 해야겠다 생각했다.

마침 태평무 이수자 김혜경 선생이 흔쾌히 화답한다. 태평무는 태평성대를 기원하며 왕비와 왕의 옷차림으로 추던 춤을 한성준 명인이 무대화한 교방춤이다. 송나라에서 만들어진 교방악(敎坊樂)이 궁중악가무(樂歌舞)로 발전된 것까지 공부해 보기도 했다.

태평무 강선영류의 춤은 장중함과 엄숙함이 배어있고 율동이 크면서도 우아하고 화려해 춤의 기품을 느낄 수 있다. 김혜경 선생은 강선영류 이수자다.
지난해 2월부터 매월 보름날에 모여 다담청교하며 시연해 왔다.

6회 태평무 알림 마당은 출연진 사정상 11월 18일로 연기할 수밖에 없었다. 그런데 예년과 달리 새벽에 눈이 내리고 앞뜰 무대 공간이 빙판이 되어 걱정이 컸다. 오후가 되니 다행히 바람이 잦아들고 포근해져 그나마 안도했다.

17명의 무용단이 성의를 다해 지전춤, 한량무까지 선 보이고 관객들도 자리 뜨지 않고 끝까지 환호했다. 어린이 풍류대장 난타까지 합류했다. 원불교 교무님은 직접 제다 한 차를 달여내며 성원하셨다. 무용단 창단 기념 촬영까지 마치고 나니 피로가 일시에 사라지고 환희심이 일어난다. 성공이다.

낙양 용문 석굴 여행 중에 둘러본 백거이 선생의 향산사 9로당(九老堂)이 오래도록 뇌리에 맴돈다. 대학에 전통 학과도 점차 사라져 간다는데 록명헌을 우리문화 지키는 9로당으로 만들면 어떨까.

지중해 낙양 교토

鹿鳴軒 見賢旅行

초판 1쇄 인쇄 2024년 9월 5일
초판 1쇄 발행 2024년 10월 1일

글 사진 정영석
이메일 ysjung5200@hanmail.net

편집 및 디자인 오브스튜디오(of studio)
김효은, 김소연
인스타그램 @of_studioo
이메일 ofstudio@naver.com

발행인 김윤희
제작 및 인쇄 맑은소리맑은나라
051-244-0263
puremind-ms@daum.net

정가 20,000원
ISBN 979-11-93385-07-4 03980